COCKADOODLEDOO

咕─咕─咕─

獻給我美麗的女兒
露比・阿莫爾
RUBY AAMOR

THE WHOLE

# CHICKEN

作者
卡爾・克拉克
CARL CLARKE

攝影
羅伯特・比靈頓
ROBERT BILLINGTON

**6**

### 起點

「你可以當美髮師或廚師。」這是在我宣布要離開學校找工作時，我媽開口說的第一句話。「為什麼？」我問。「因為人都需要填飽肚子，也需要剪頭髮。」非常睿智的一番話，尤其是那個年頭，不但工作難找，問題多、待遇差的「青年培訓方案」又很盛行（Youth Training Schemes，英國政府推出的一項計畫，讓年輕人能在職場上「邊做邊學」）。「美髮師？搞屁啊！」我說。

我來自伯明罕（Birmingham）的一個貧民區。當時在我的家鄉，要是去當美髮師，肯定會讓我的幾個親戚豎起眉毛。這是想都別想、在外人面前也絕口不能提的事。在那些日子裡，生活的第一守則就是要學會照顧自己，然後只要你夠幸運，其他的一切就會迎刃而解。嗯，大概吧……。

我想說的是，按照定義，我完全是個半路出家的廚師。小時候的我並沒有坐在奶奶的膝上，一邊剝著蠶豆莢，一邊看著爐火上咕嚕冒泡的湯鍋。我會成為廚師，完全是出自生活所需：為了找份工作，為了賺錢，而且希望在往後的日子裡都有家可歸。事實上，我對食物甚至沒有太大的興趣，只知道自己愛吃和不愛吃什麼。當時，我並不知道宇宙對我會有什麼安排，也沒想到一路走來至今，我的職業生涯竟會如此豐富多彩。

不令人意外的是，我的第一份廚房工作也是誤打誤撞得來的。在我16歲離開學校後，我和一個朋友決定不再忍受伯明罕這個鬼地方。無論如何，我們都想要遠走高飛，重新生活，盡情享樂，找份工作。我們向他哥哥借了200英鎊（約8,000元台幣，在當時是很大一筆錢），在桌上留了字條後，就從伯明罕新街站（Birmingham New Street Station）搭火車離開，準備趕渡輪到一座名為澤西島（Jersey）的法國近海小島。我聽說那裡的菸酒很便宜，夜生活也很精采，這不就是我們想要的嗎？結果呢，計畫一開始就不是很順利。可能是因為我們在渡輪上買了瓶伏特加，當我想藉著睡覺讓自己舒服點時，我朋友跑去渡輪上的賭場，把剩下的錢全輸光了。

我們帶著嚴重宿醉踏上這座陌生的小島，身上只剩1.5英鎊（約60元台幣），沒工作也沒地方可住。遠遠地，我看到一棟雄偉的殖民風建築——那是格蘭德飯店（The Grand Hotel，至今仍屹立不搖）。接著，我突然想起我媽說過的話。我把朋友留在外頭，大步走進了吵雜忙碌的飯店廚房裡，向人詢問是否有職缺。我被帶到了至高無上的澳洲籍行政主廚專屬的辦公室。這位主廚身上穿著全套的廚師服——非常高的帽子、亮眼的白色制服和木底的工作鞋。不論我當時說了什麼，總之奏效了：他給了我一份工作，薪水是一週90英鎊（約3,600元台幣），免稅。

這在當年算是很好的待遇，加上那時一杯啤酒只要14便士（約10元台幣），一包香菸只要23便士（約14元台幣），聽起來更讚了。那一晚，我和朋友只吃了些洋芋片，露宿街頭。到了早上，我就去工作了。我設法預支我的第一份薪水。隔天下午，我們在一棟房子裡找到一間分租雅房。我輪完班後，會偷渡一些三明治給我朋友，直到他找到工作為止。在接下來的六個月裡，我都在削馬鈴薯皮，並把它們修成七面的酒桶型，但我經常被吼被罵，卻也學到很多，顯然度過了我人生中最充實的時光。

不過，在離開學校和逃到澤西島之間的日子裡，我也試過其他幾個逃避現實的方法，包括加入武裝部隊（Armed Forces）。結果，我因為體重不足而被遣返回家；他們叫我多吃點牛排和馬鈴薯泥再回去。最後，我終於有資格參加入伍測驗了。但就在我不告而別逃離家鄉後，這件事自然成為一段模糊的回憶。後來有一天，我從澤西島打電話給我媽時，她說我收到了召集令，上面寫著我被「徵召」回去接受基本訓練——也就是「六星期地獄之旅」的另一種說法。於是，我就這麼去了地獄一遭。

接下來的六年，我在武裝部隊裡擔任廚師，週期性地環遊世界，同時陷入一些非常困難的處境，然後再試著找方法脫身。回顧過往，這個經驗帶給我兩個收穫，令我永遠感激：第一，它令我大開眼界，見識到不同的文化——當時的我在其他情況下，絕對不會擁有這樣的機會；第二，它替我上了寶貴

的一課，令我明白紀律的重要 —— 那是我在之前一直死命對抗的東西。當然，我也從中學到了基本的烹飪技術，但在那個時候，我對食物還是沒半點興趣，只把它當成工作。我比較有興趣的是出去喝酒、跟人打架，還有努力生存。

## 酸浩室（ACID HOUSE）[1] 年代

大約在 1989 年，銳舞（Rave）[2] 文化開始在英國興起。我還記得第一次參加非法銳舞派對的情景（我猜當時這些活動應該都不合法）。當時我正走下一個斜坡，遠處傳來美妙的貝斯旋律。接著，我突然看到一萬個不知從哪冒出來的人，對著某個用唱盤放歌、看起來像神一般的人物（他就是當今的傳奇 DJ 沙夏〔DJ Sasha〕），在空中揮舞著他們的雙手。我心想：「就是這個！」在吞了不少顆快樂丸後，電子樂完全改變了我的人生道路。

我買了一對唱盤，開始自學 DJ 技巧，不時到各地接一些演出，拚命刷碟以求在銳舞場景中闖出名號。在 1994 年搬到倫敦後，我偶然獲得了機會，成為知名夜店「圖恩米爾斯」（Turnmills，當時英國唯一一家 24 小時的夜店）每週四和週五的 DJ—— 至於其他的事就不多說了。

那時的我已完成某個學位課程，並停止烹飪了，而圖恩米爾斯則成為我的居所、我的家人以及我的人生。接下來的十年，我都在世界各地做 DJ 表演；基本上，我等於是拿非常高的酬勞去參加派對，不過就如同所有的美好事物，這份工作最後還是走到了終點。演出的機會枯竭，創作的靈感蕩然無存，而輝煌的時刻也已然消逝。我一毛錢也不剩，家中又多了個小寶寶，對於自己在真實世界該何去何從，感到一片茫然。現在只剩下另一件我大概知道自己能做的事，那就是烹飪 —— 但我完全沒料到，我自以為了解的一切，他媽的根本不算什麼。

## 馬可

我心想，既然要回到廚房，那我就要在最厲害的人底下工作。當時在倫敦，並沒有太多高級餐廳大廚可以選擇 —— 尼可·拉丹尼斯（Nico Ladenis）、戈登·拉姆齊（Gordon Ramsay）和皮耶·科夫曼（Pierre Koffmann）是其中幾位 —— 有趣的是，數年後，皮耶大廚踏進我在東倫敦開的雞肉料理小店，從此成為我的好友。

我曾經讀過有關馬可·皮耶·懷特（Marco Pierre White）的報導，當中提到這位脾氣火爆的大廚以軍事風格管理廚房，是個名副其實的天才。我很喜歡他的食譜書《白熱》（暫譯，原書名為 White Heat），裡面的照片是由已故攝影大師鮑伯·卡洛斯·克拉克（Bob Carlos Clarke）掌鏡 —— 在他的鏡頭下，馬可比較像搖滾明星，而不是廚師；他手裡叼著菸、身穿屠宰圍裙，蓬頭垢面的樣子，看起來就像是才剛和奧茲·奧斯朋（Ozzy Osbourne）[3] 一起結束五年的巡迴演出。就是這個 —— 這就是我想要成為的人物。至少我當時是這麼想。

於是我帶著胡亂湊合的一組鈍刀具，來到位於倫敦荷蘭公園（Holland Park）的麗城餐廳（Belvedere Restaurant）後門，詢問是否有缺人。我記得他們不只兩次叫我「滾開」，但我堅持不懈，最後這位主廚終於讓步。在接下來的人生歲月裡，我密集地學習如何以「馬可的風格」料理。從前的我過著光鮮亮麗的生活，不僅出席所有的一流派對，做一場 DJ 的酬勞也遠超過我一週的花費。而如今的我拿的是最低工資，每天工作 18 ～ 20 小時，日子過得筋疲力盡。含蓄一點的說法是我得了「砲彈恐懼症」，但還是不斷在廚房戰場上死命掙扎，直到最後終於受不了了，於是在新年的第一天，我直接翹班沒現身。

身為一個廚師，你知道這麼做就表示你回不去了；或者更準確地說，你再也沒有勇氣回去了。是的，我在麗城學會了如何做菜，但我同時也學到，你必須要有同等的技術與自我犧牲，才能站上巔峰。隔天我去了銀行，領出我剩餘的一點錢，買了一張到喬治亞州薩凡納（Savannah）的機票，就去美國找朋友了。他說那裡是個很酷的地方，並承諾要給我一份工作。

## 環遊世界（迷失的那幾年）

從我踏上美國土地的那一刻起，四處奔波的日子就不曾停過。接下來的幾年，我帶著從麗城學到的東西，到世界上各異其趣的廚房工作：從薩凡納一家私人農園的廚房開始，我陸續到海外第一家哈維·尼克斯餐廳（Harvey Nichols Restaurant）擔任開幕行政主廚，又到伊斯坦堡度過了不可思議的兩年。在那之後我來到都柏林，在 U2 樂團名下的克拉倫斯飯店（Clarence Hotel）擔任臨時主廚。當時那裡集結了愛爾蘭最火紅的餐廳、酒吧與夜店 —— 我承認自己有時對這三個元素有點熱愛過頭。

儘管如此，最後我還是回到英國，一邊接餐廳顧

問的工作，一邊替我欣賞的大廚工作，例如西蒙·羅根（Simon Rogan）。藉由在這些大廚的餐廳無薪實習，我不斷努力學習與精進自己的技術。但事實上，我已逐漸開始厭倦高級餐廳，想要嘗試一些和至今經歷截然不同的新事物。於是，命運帶領我走上另一條路，讓我認識了現今的合作夥伴與好兄弟——大衛·沃蘭斯基（David Wolanski）。

## 撕掉規則

我們認識的完整故事，要從「大衛和我最初在一片原野上相識」開始說起⋯⋯，而事實也確實是如此。當時是在 2010 年的緯度音樂祭（Latitude Festival）上，地點則是首次開辦於這類戶外活動中的全座位單點式餐廳。這間餐廳的老闆是創意無限的強納森·道尼（Jonathan Downey），他創建了許多餐飲事業，包括牛奶與蜂蜜（Milk and Honey）雞尾酒吧，以及街食饗宴（Street Feast）夜間市集。大衛被找來協助營運和管理外場，而我則是被徵召到廚房支援。我只能說，那次的經驗就像是一場「戰火的洗禮」；在極度忙亂的那幾天，我和他分別在內外場被轟炸，幾乎沒睡覺。我們在四天內供餐給超過 7,000 人，同時以光速熟識了彼此。

我們一同返回倫敦，在路上交換舊時狂歡尋樂的故事時，突然產生一個想法，那就是我們可以結合彼此在音樂祭的經歷，打造一間名為「迪斯可小酒館」（Disco Bistro）的沉浸式快閃店；這間店會呈現一種現代舞廳兼餐酒館的氛圍，也會有超棒的食物、飲料和 DJ。我們反覆修改想法，才在腦海中勾勒出我們想要的樣子。但沒想到最後，我們竟展開了一趟奇妙的旅程，在東倫敦和其周遭地區的一些有趣場域裡，舉辦多種沉浸式快閃活動。這些空間並非全都合法，但我想這就是好玩的地方。

我們的第一間間快閃店叫「搖滾龍蝦」（RockLobsta）——一個限時三天的龍蝦堡外帶吧，開在我朋友位於倫敦潮流區肖迪奇（Shoreditch）的服飾店裡；這間服飾店帶有龐克風格，平時會播一些嗨歌（這是一定要的）。當時我們其實還不太知道自己在做什麼，當然也難以應付接下來發生的事：我們在那三天招呼了超過一千位客人，很快就學到了一些寶貴的教訓，做為未來的參考。更多的快閃店接二連三地推出：「天佑蛤蜊」（God Save The Clam）[4]；「英式自助洗衣坊」（The English Launderette）[5]；位於國王十字區（King's Cross）、夏季限定的一家滑輪迪斯可舞廳，販賣無敵美味的

「滑輪迪斯可堡」（Roller Disco Burger）和新潮的雞尾酒——例子多到不勝枚舉。

在所有的概念實體化快閃活動結束後，我開始在一間老酒館二樓的飯廳裡常駐六個月，地點就在聖保羅大教堂（St Paul's Cathedral）的附近。這裡讓我們回想起自己的初衷，於是我們採用了「迪斯可小酒館」這個首尾呼應、再適合不過的名字做為店名。就在這一刻，我的人生開始起了很大的變化。我借了一些桌椅和玻璃杯，設法遊說多位藝術家出借作品給我，然後東拼西湊地弄到了一些廚房設備。接著我說服有才華的年輕廚師朋友——派特（Pat）和葛林（Glyn）加入，並開設推特帳號，我們就開始行動了。

這次的經驗在許多方面都很不真實，特別是因為這家餐廳在篝火節（Bonfire Night）當天開幕時，我的已故好友——偉大的霍華德·馬克斯（Howard Marks），朗誦了一首關於蓋伊·福克斯（Guy Fawkes）[6] 的詩，而這號人物過去正好就是在我們身處的這間酒吧地下室，策畫了歷史上著名的「火藥陰謀」（Gunpowder Plot）。不過那完全是另一個故事，我就不贅述了。

歸根究柢，我就是在這裡學會了只煮自己愛吃的食物，也學會從較科學與技術的層面去看待食物。我開始探究風味是如何與為何產生，有時能找到答案，有時則否，但我一直都在學習。

同一時刻，我開始鑽研與追求完美的炸雞，而且深陷其中無法自拔。在派特與葛林的協助下，我把炸雞堡和雞翅加進菜單，結果似乎大受好評。再一次地，命運又在我不知情的情況下，帶領我走往另一個方向。而在我意識到之前，我已經坐上了大衛的摩托車，在東倫敦繞來繞去，試著為接下來的計畫找尋靈感。就在那時，我們想到了一個點子：我們要開一家獨一無二的雞肉專賣店。

## 奇肯薩爾雞肉餐廳（CHICK 'N' SOURS）

在東倫敦的某個街區裡，有一整排相當老舊的商店與咖啡廳，那裡在過去被稱為「荒地」（The Waste）。我和大衛在那條街上來回走動，不斷從各個店家的門底下遞信，詢問對方是否有意願出租。某一天，我們突然接到阿里（Ali）先生的來電。這位土耳其紳士表示願意把他的老咖啡廳租給我們，於是我們從親友那湊到一點錢，開始和好友卡蜜拉（Camilla）一起合作，打造我們的第一間雞肉店。最近有人形容這間店是「帶有亞洲色彩的經典

炸雞專賣店」，我們想不到比這更貼切的描述了。

我們想要打造的不只是提供美食的餐廳，更是一個讓人覺得像來到我們家一樣溫暖友善的地方，除了有好喝的酸雞尾酒，也有美味升級的炸雞。於是，廚房有我，外場有大衛，吧檯則由我們的朋友山姆（Sam）負責；我們把音樂調大，燈光轉暗，敞開大門，就此踏上了一段作夢也想不到的奇幻旅程。這麼說好了，過了五年後，這間店依舊屹立不搖，甚至成為倫敦的地標之一，如今多了兩家姊妹店，還受到一大票我們所愛的忠實顧客熱烈支持。事實上，我們有時會覺得這比較像是他們的餐廳，而不是我們的。

## 奇肯速食（CHIK'N）

炸雞的故事不可免俗地還有續章。奇肯是一家速食店（現已改為 Chicken Soup），但提供的不是草率馬虎的食物。從奇肯薩爾到奇肯，這樣的發展可說是再自然不過了，因為我們想要透過有社會責任的現代速食環境，把相同的品質與精神傳遞給更廣大的群眾。我們要建立的炸雞品牌不只是對你有益，對整個地球也要有所貢獻。這家店有奇肯薩爾的個性，但步調快了許多。大衛和我有一個簡單的目標：我們只想讓大家認為我們是全世界最會做炸雞堡的人。我們成功了嗎？應該還沒，不過有件事能夠肯定，那就是我們絕不會放棄嘗試。

也因為如此，這本書誕生了。我想寫《全雞料理》的理由完全相同，那就是要為我相當熱中的食材，帶來一些光芒與生命，並透過精心設計的變化與新嘗試，讓你不論身在世界何處，都能以不同的方式思考、品味與享受食物。我強力建議你在閱讀這些食譜時，將我的隨筆札記記在心上。這些筆記不僅會幫你發掘自己的喜好，也會鼓勵你走出自己的路；根據我個人的經驗，這是通往美食天堂的唯一途徑。

## 隨筆札記

這本書的食譜並非都是原創，但透過我的視角，以及對其根源的愛與尊重，它們被重新創作出來。

這些都是會讓你微笑的快樂食物（如果你笑不出來，就表示一定有哪裡出錯了）。

這不是那種專業的烹飪書。當然，其中有些食譜靈感是來自我的餐廳菜色，但我簡化了料理步驟，藉以創作出一本人人適用、能與朋友和社群分享的食譜書。我在書中也附上了難易度指標，用來幫助你判斷眼前的關卡等級。

你只能接受有些事就是得不斷地衡量與拿捏，才能得到最好的結果。所以不要偷懶。

隨心所欲地更換任何材料，或甚至手邊沒有的材料就乾脆別用，這樣更好。千萬不要為了這種小事而放棄。

如果你認為你的做法更好，就那麼做吧！誰會知道呢？說不定你是對的。

在做這些菜的時候，記得把音樂調大聲一點── 在第 208 頁可以看到我的推薦歌單。

我真心希望這些食譜會帶給你歡樂，如果沒有，請把這本書傳給可能會喜歡的人，然後去找些其他會讓你幸福的事做吧！畢竟人生苦短。

最後，記得要在經濟能力的許可下，購買最上等的雞肉，並確認這些雞是以人道的方式飼養，度過了健康的一生。有機雞肉並非所有人都負擔得起，但這不是什麼問題。

愉快地生活吧！

**卡爾・克拉克**

前言

分切

# BUTCHERY

# 如何把雞分切成十個部分
## HOW TO CUT A CHICKEN INTO TEN PARTS

**12** 全雞分切是一個聰明的做法，能使所有的拆解部分受熱一致，把雞肉煮得更均勻。

這麼做也能讓你利用適合的部分，做出各種烹調方式不一的料理。沙拉可能會需要用到炙烤雞胸肉，燉雞則需要用到棒棒腿和雞大腿，而且得花更多時間慢慢燜煮。把所有部分全丟進烤盤做出一道料理也很方便，因為完成後可以直接把烤盤端上桌，讓大家自己享用。

不要被底下的步驟嚇到了，其實做起來比讀起來容易。一旦做了幾次後，就算是蒙著眼睛，你也能庖丁解「雞」，而且動作會非常迅速。

分

切

①放一塊濕布在砧板下，防止砧板滑動。接下來會需要用到一把非常銳利的長主廚刀。

②用刀子在雞翅與雞胸之間來回滑動，直到找到關節為止。劃開雞翅的皮，然後切斷關節。

③抓住棒棒腿的末端向外拉，讓雞腿和雞身之間有一些空間。在雞腿和雞身之間的皮上淺淺劃過一刀。輕輕地把雞腿向外拉，讓大腿關節露出，然後切斷關節，使雞腿和雞身分離。

④找出雞大腿與棒棒腿交界的脂肪線，順著那條線切斷關節。重複這個步驟處理另一隻腿。

⑤沿著雞胸骨的兩側向下切，使雞胸肉與雞胸骨分開。

⑥用你的非慣用手按住刀背前端，然後切開胸骨（骨架要留著燉高湯用）。

⑦將雞胸肉橫切成均等的兩塊。另一片雞胸肉也重複這個步驟，最後你會得到四塊雞胸肉。

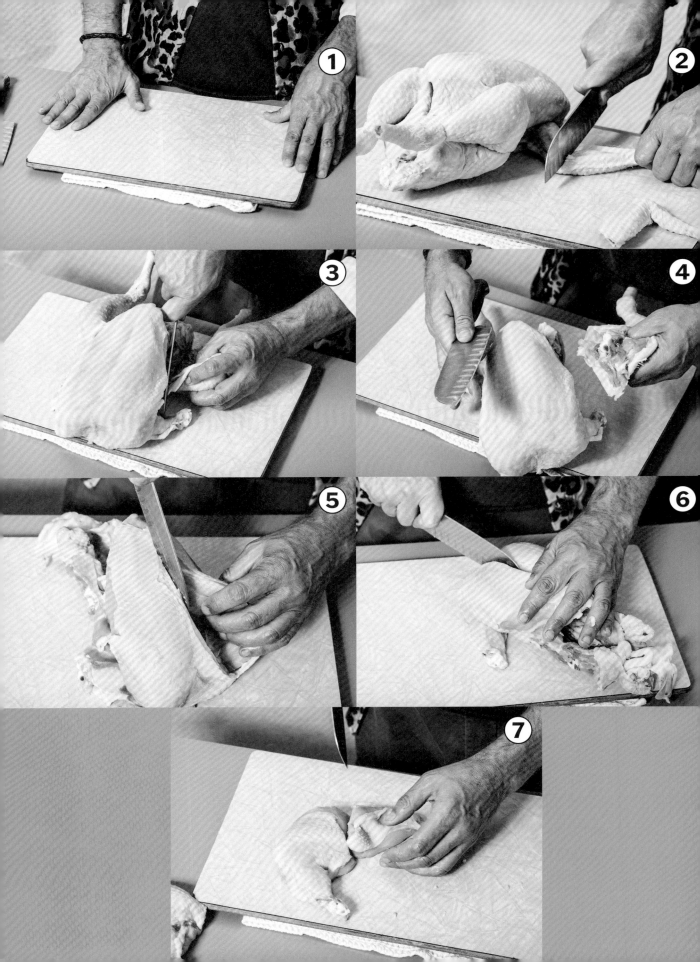

14

CHOP

剁

CHOP

剁

# 如何變出一隻蝴蝶雞
## HOW TO SPATCHCOCK A CHICKEN

**16**  "Spatchcocking" 一詞最早是出現在 18 世紀的愛爾蘭食譜書裡。據說 spatchcock 這個字是 "dispatch the cock" 的縮寫，意思是「把雞殺死」。

然而在今日，Spatchcock 指的是移除雞背骨、把整隻雞攤平，使雞肉能以戶外燒烤、低溫烘烤或高溫爐烤的方式，迅速料理完成。這個技巧在醃漬全雞時相當好用，而且一旦雞肉煮熟，分切起來會超級容易。另外我也發現在烤雞時，這是讓外皮極致酥脆的最好方法。

這個技巧非常簡單，只要跟著這些步驟，就算你幾乎不具任何分切技能，也能輕鬆駕馭。

**分切**

①把雞放在砧板上。砧板下方墊一塊濕布，以防滑動。移除雞脖子和內臟，然後用紙巾將整隻雞輕輕拍乾。

②把雞翻轉過來，讓雞胸朝下。接著，用一把堅固的廚房剪，沿著雞背骨的一側剪開，再沿著另一側剪開。移除雞背骨。

③把雞旋轉半圈，讓雞脖子朝上。用一把堅固的刀子，沿著雞胸骨兩側各刻出一條凹痕；這麼做會比較容易把雞攤開，待會分切時，也會比較容易。

④再把雞翻過來，這次讓雞胸朝上。然後將雞胸骨向下推，讓雞變得比較平坦。

⑤用手心使勁壓雞胸骨，把雞整個攤平。

⑥把雞翅尖塞到雞胸後，這麼做能防止它們在料理時燒焦。

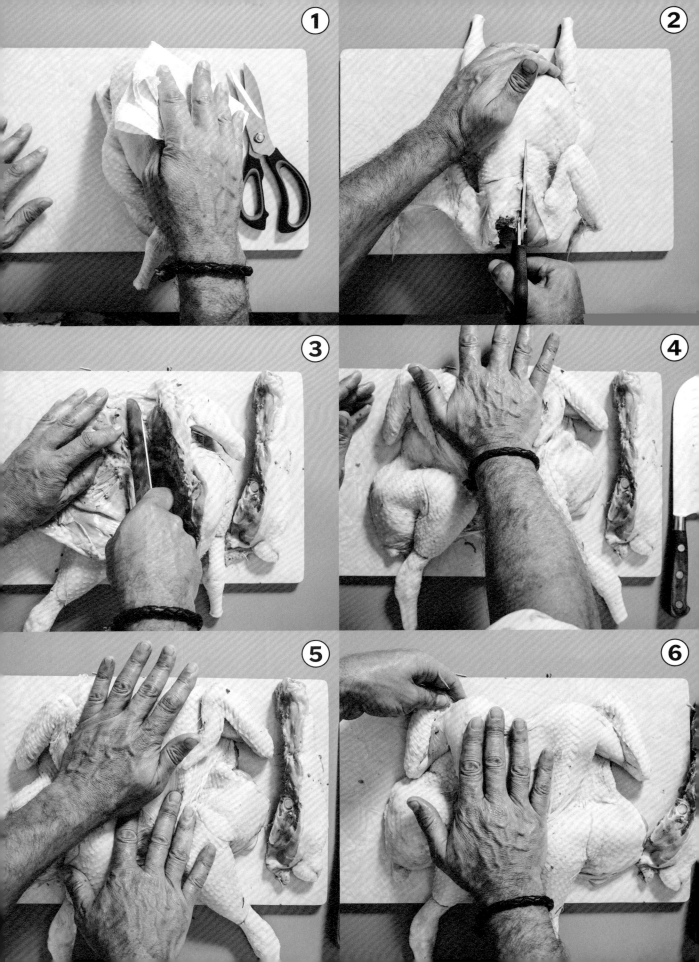

CRACK!

# 製作酥脆雞皮的幾種方法
## A COUPLE OF WAYS TO COOK
## CRISPY CHICKEN SKIN

**20**

脆雞皮就和脆豬皮、脆鴨皮一樣,是這個宇宙賜予我們最偉大的發明,我沒說錯吧?在此要介紹兩種做法,能讓你的脆雞皮呈現出截然不同的口感。

炸雞皮吃起來稍微較油潤,跟好吃的炸豬皮口感非常接近。雞皮酥則比較像是薄脆的洋芋片,很適合當成零食,或是加入沙拉或熱炒裡增添爽脆感。其中一種我最愛的吃法,是把雞皮酥當成一口大小的脆餅,放上酸奶油和鳳梨培根醬,當成小點心享用。

製作這類料理的訣竅,大概就是要「找出自己的喜好」。你可能需要嘗試幾次,才會得到你想要的,但沒關係。不要因此退縮,因為重點是進步,而不是完美。況且最後的成果一定會讓你覺得很值得。

分
切

# 雞皮酥
## CHICKEN CRISPIES

①將烤箱預熱至攝氏 180 度。

②將砧板置於濕布上，以免滑動。

③把一片約 10 公分長的雞皮放在砧板上，皮的那面朝下。用一把銳利的主廚刀開始刮去雞皮上多餘的脂肪，注意在過程中，不要把雞皮弄破。完成後，將雞皮置於一旁，然後再重複一樣的步驟，直到所有的雞皮都處理好為止。

④在烤盤內鋪上烘焙紙，然後把雞皮放在烤盤上攤平，使雞皮不要有皺褶。每塊雞皮之間都留一點空隙，因為在烘烤過程中，雞皮會稍微縮水。用英國馬爾頓海鹽（Maldon）調味。一旦完成一層，就在上面鋪另一張烘焙紙，並重複前面的步驟，直到堆疊數層為止。接著，在最上方鋪上最後一張烘焙紙。

⑤將另一個淺烤盤放在疊滿雞皮的烤盤上，然後用力往下壓。這麼做能讓雞皮變得更平，烤起來的酥脆度會更平均。在烤箱中烘烤約 50 分鐘，不時要檢查一下狀況，直到雞皮呈現金黃色為止。將烤盤移出烤箱，然後小心地把雞皮移到網架上放涼。這時雞皮可能還有點軟，但一旦在空氣中冷卻後，就會變得酥脆。如果烤過頭、顏色太深，味道就會變苦，嚐起來就沒那麼好吃，所以烤的時候要多加留意。

# 炸雞皮
## CHICKEN SCRATCHINGS

①準備一個厚實的大鍋子，倒入將近一大匙的芥花油後再開火，接著放入雞皮。

②將火轉至最小，使油能慢慢加熱，這會花一些時間；如果沒出錯，大概會花 2 小時。不過一旦掌握訣竅，速度就能加快了。

③不時攪動一下雞皮，以免黏鍋。

④在烹調過程中，雞皮會釋放自己的油脂。等煸好的時候，煉出油的雞皮就會浮到油上。

⑤用漏勺或夾子小心地取出雞皮後，將雞皮置於網架或其他利於空氣流通的器皿上，稍微放涼。

⑥將烤箱預熱至攝氏 160 度。把雞皮放在烤盤內的烤架上，烘烤 25 ～ 30 分鐘，直到雞皮呈現金黃色為止。雞皮這時可能還不會太酥，不過等溫度降到室溫時，就會變得十分酥脆。要盡快享用。

分切

FAT-

# 如何煉雞油
## HOW TO MAKE SCHMALTZ

Schmaltz 基本上就是精煉、純淨的雞油，發源於阿什肯納茲猶太人（Ashkenazi Jewish）社群。他們將雞油視為其傳統飲食的一部分，且數世紀以來，在雞湯、雞肝泥、馬鈴薯煎餅（Latkes）和無酵麵丸子（Matzah ball）等料理中都會使用。雞油也會用來加入炒軟的洋蔥，製作成美味的抹醬。

而在今日，廚師們（包括我自己）會利用這個技巧，增添雞肉派或玉米麵包等料理的風味。如果你真的想要揮霍一點，又真的能收集到足夠的量，那麼用雞油應該能做出史上最美味的炸雞。雞腿周圍和雞腔下方的雞皮富含脂肪，最適合用來煉雞油。

① 在厚實的冷鍋裡加入少許芥花油，接著放入多脂肪的雞皮。

②將火轉至最小來煸雞皮，不時攪拌，直到所有油脂都被提煉出來為止。這個步驟大概會花 60 ～ 90 分鐘。

③ 用極細孔的篩網（最好再鋪上密織棉紗布），將雞油過濾到已殺菌的玻璃容器裡。你也可以使用咖啡濾紙。將雞油置於冰箱一個月後，就可以隨心所欲地運用了── 剩餘的雞皮可以用來製作炸雞皮（見第 21 頁）。

分切

Ч-TA-TA-TA-TA-TA-TA-TA

油－滋－滋－滋－滋－滋

# 如何用鹽水醃漬雞肉，為何要這麼做？
## HOW TO BRINE A CHICKEN ... AND WHY

雞肉在烹煮過程中，可能很快就會變乾，尤其是雞胸肉。而鹽水醃漬法能避免這種情況發生，而且做起來相當簡單又有效。

你應該吃過又乾又柴的火雞吧？你問我什麼是鹽水醃漬法？這個嘛，它的做法就是把肉放在鹽水中浸泡，就這麼簡單。但，這是最基本的一關；困難的部分是要弄對鹽和水的比例，還有判斷浸泡的時間，以免肉變得太鹹。用鹽水醃漬不但能使肉變軟嫩，還能一邊調味，一邊防止肉在烹煮過程中喪失水分。

若是基本的鹽漬，我喜歡用的比例是鹽佔水的 6%。也就是說 60 克的鹽要對 1 公升的水。

只要把鹽加入裝了水的大平底深鍋內，煮滾使鹽溶解，再將鹽水從爐架上移開，放入冰箱即可。待鹽水完全冷卻後，再用來醃漬肉。你也可以在鹽水中添加其他的香料，例如胡椒粒、眾香子（牙買加胡椒）或任何你喜歡的東西。糖有時也會用來增加甜味。

無骨雞肉需要用鹽水醃漬至少 1 小時，帶骨雞肉則可能要花上 24 小時。你可以多加實驗，找出你認為最適當的醃漬時間。重要的是在醃漬後，你必須用大量流動的冷水沖肉，並在烹煮前用紙巾把肉徹底拍乾 —— 如果你想要雞皮酥脆，就一定要這麼做。

分
切

我把鹽水醃漬的步驟，加到我認為最需要的食譜裡，但你可以自己斟酌。如果有空，每次煮雞肉都可以用這招；如果沒空，就直接跳過。不過這個方法很值得一試，你可以看看差異有多大。

WHOLE

全
雞

# 五香蜜汁烤雞
## SPATCHCOCK CHICKEN
## WITH FIVE SPICE, HONEY AND SOY

2 ～ 4 人份，取決於你有多餓

1.5 公斤帶皮全雞，去骨攤平（見第 16 頁）

200 克泰國香米或糙米飯（可省略）

**醃料**

4 大匙（用力擠 1 或 2 次）流質蜂蜜

2 大匙花生油

6 瓣飽滿的大蒜，切成細末

1 小塊生薑，去皮，切成細末（約 4 小匙的量）

3 滿小匙（堆成小山形狀）五香粉

1 大匙老抽

4 大匙生抽

2 大匙海鮮醬

1 大匙味醂

這道食譜做法很簡單，但卻能做出這本書中前幾名美味的料理。醃料會在雞肉表面形成一層漂亮的蜜汁光澤，使雞肉在炙烤後，邊緣帶有焦香。你可以在前一晚就先醃肉，隔天下班回家後，只要把肉放進烤箱，等個 40 分鐘就完成了。一旦你試過一次，我保證你之後還會再做很多次。這道料理很適合搭配芝麻海帶芽拌小黃瓜（見第 190 頁），也可以在旁邊附上白飯。

在一個大淺碗內混合所有的醃料材料。用一把銳利的刀在雞皮上劃幾痕，接著把雞肉放入醃料中混合，使醃料均勻包覆在雞肉表面。包上保鮮膜後，放進冰箱醃至少一小時。若能醃一整晚更好。偶爾要替醃料中的雞肉翻面。

在準備烹煮的至少 15 分鐘前，從冰箱取出雞肉。

將烤箱預熱至攝氏 200 度。

你可以把雞肉放在淺烤盤或附架烤盤上。淋一些剩餘的醃料在雞肉上，然後烤 40 ～ 45 分鐘。過程中，大約每 15 分鐘要淋一次醃料，直到雞肉完全烤好為止。可依個人喜好搭配白飯或糙米飯享用。

難易度：
易如反掌

全雞

曲
目
一

# 北京烤雞夾餅
## PEKING CHICKEN WITH PANCAKES, CUCUMBER AND SPRING ONIONS

4 人份

**30**

難易度：
還算輕鬆

**全雞**

1.5 ～ 2 公斤全雞
½ 小匙五香粉
2 大匙楓糖漿或蜂蜜

**醃料**
60 毫升生抽或一般醬油
2 大匙老抽或一般醬油
1 大匙細砂糖
5 ～ 6 片生薑（長度約大拇指的一半）
1 小匙五香粉

**搭配**
200 克泰國白米或糙米飯
12 片荷葉餅
½ 根小黃瓜，切條
4 根青蔥，縱切成細絲
市售海鮮醬

料理得當的北京烤鴨是我世界上最愛的食物之一。這道菜很考驗技術，過程中還會用到打氣筒，因此我簡化了一些步驟。傳統上，酥脆的鴨皮會先搭配糖粉來享用。聽起來好像很怪，但味道真的很讚。我把這道食譜放進書中，是因為吃烤鴨夾餅時，總會帶給我很特別的感受，就像是在享受難得的味覺饗宴。我嘗試了幾次，才成功替烤雞上色和烤出脆皮。祕訣就是在用鹽水醃漬後，不用加蓋密封，直接把雞肉放進冰箱冰一整夜，讓雞皮在烤之前盡可能風乾。另一個祕訣是，在烤的過程中，每 20 分鐘要塗一次醬汁，這樣皮才會呈現漂亮的光澤。

按照第 24 頁的步驟，用鹽水醃漬全雞至少一小時（可省略）。

在雞的內部撒一層薄薄的五香粉。

在一個大淺碗內，混合所有的醃料材料。把雞放進醃料裡，用手按摩幾次，直到醃料均勻包覆在表面為止。包上保鮮膜後，放進冰箱醃至少 4 小時。若能醃一整晚更好。

在準備要烤的 30 分鐘前，從冰箱取出全雞。把薑片從醃料中挑出來，塞入雞腔裡。將剩餘的醃料倒入一個小平底深鍋內，用中小火煮 5 ～ 10 分鐘，接著加入楓糖漿，再把鍋子從爐架上移開。靜置一旁，待雞烤好後用來上色。

在此同時，將烤箱預熱至攝氏 180 度。準備一個附有可調式烤架或一般烤架的烤盤，把雞放在上面。如果你沒有烤架，就用鋁箔紙揉成幾個小球，把雞放在上面，或是將洋蔥切成大塊，墊在雞的下面。

如果你有適用於烤箱的數位溫度計，將它插進最厚的部位，通常是在雞大腿的位置，但插的時候要避開骨頭。然後烤 1 小時 20 分鐘～ 2 小時，過程中大約每 20 分鐘，要把滴下來的雞油淋在雞上，這個步驟要持續 1 小時。如果沒有雞油滴下來，就用 1 ～ 2 大匙的料理油代替。

從最後的 30 分鐘開始，每 10 ～ 15 分鐘要將預先準備好的醬汁淋在雞上。記得每次淋完醬汁後，都要把烤箱的門關好，不然溫度會降太多。一旦雞的內部溫度達到攝氏 74 度時，就把雞從烤箱取出。如果你沒有溫度計，就在雞大腿和雞身的接合處輕輕劃一刀，接著，應該能輕易地把雞大腿扯開。關節附近的肉應該會是白色的。如果肉還沒有熟，就放回烤箱直到烤好為止。

將烤雞靜置 15 分鐘後，再開始分切。把切好的烤雞放在白飯上當作主食，再搭配荷葉餅、小黃瓜、青蔥和海鮮醬一起盛盤。好好享用！

# 鞭炮雞
## FIRECRACKER CHICKEN

4 人份

35 克韓式辣椒粉或辣椒片

2 ～ 3 大匙韓式辣醬

1 大匙醬油

3 大匙植物油或玉米油

½ 小匙黑胡椒粉

115 克蜂蜜

6 大瓣大蒜，切成細末

2 小匙生薑末

1.5 ～ 2 公斤全雞，切塊（見第 12 頁）

225 克年糕片（可省略）

500 克焗烤用莫札瑞拉起司，切成小塊（可省略）

1 條青蔥，切成蔥花

這道食譜的靈感是來自我熱愛的韓國料理。韓國和其他亞洲國家的食物截然不同，而且深受美國影響。韓國辣醬是許多韓國菜的基本材料；這是一種辛辣濃稠的紅辣椒醬，製作方法是將材料放入陶罐中，再置於豔陽下發酵。它的顏色鮮豔，鮮味十足又有強勁的辛香，和我嚐過的其他辣醬都很不一樣。韓國人也很熱愛街頭小吃，而這道食譜儘管不是原創，但因為使用莫札瑞拉起司而混合了美式／韓式風格，醬汁吃起來會弄得有點髒，不過帶有微微的甜辣滋味。這道料理口味偏重，如果選擇不加年糕片，味道會更強烈。你可能只需要再搭配一份酸味淋醬的生菜沙拉，就能盡情享用了。

將烤箱預熱至攝氏 180 度。

將辣椒片（或辣椒粉）、辣醬、醬油、2 大匙植物油（或玉米油）、黑胡椒粉、蜂蜜、蒜末和薑末全加進一個碗裡，混合製成甜辣醬。接著放入雞肉塊，用乾淨的手將雞肉塊和甜辣醬混合均勻。

將剩餘的油倒入砂鍋或適用於烤箱的煎鍋中，蓋上鍋蓋用中火加熱。加入年糕片（若有使用的話）煎數分鐘，過程中用鍋鏟翻面 1 或 2 次，煎到兩面都變得酥脆金黃為止。

取出年糕片，然後將雞肉塊和甜辣醬倒入鍋中，蓋上鍋蓋用中火煮 3 ～ 4 分鐘，直到顏色稍微變深為止。打開鍋蓋，用木勺翻攪雞肉塊。接著將年糕片放在雞肉上方（若有使用的話）。

蓋上鍋蓋，放進烤箱烤 30 ～ 40 分鐘，直到所有的雞肉塊都熟透為止。

如果你要使用起司，就預熱燒烤爐（編按：或是烤箱的燒烤模式）。將起司鋪在年糕片上方，然後烤數分鐘，直到起司融化冒泡為止。

撒上蔥花後，趁熱享用。

難易度：
易如反掌

全雞

曲目一

擋不住的火熱

# 峇里島風味烤雞
## BALINESE BBQ CHICKEN

2 ～ 4 人份

難易度：
值得努力

1.8 ～ 2.8 公斤全雞，切塊（見第 12 頁）

盛裝用萵苣葉或糯米飯，用來搭配主食

**醃料**

1 小匙蝦醬

6 個紅蔥頭，切塊

1 根香茅莖，白色的部分切碎

6 瓣大蒜，切塊

1 大根微辣的紅辣椒，切塊

2 公分生薑，去皮，切塊

2 大匙魚露

2 大匙印尼甜醬油（可省略）

1 小匙海鹽

1 小匙香菜籽粉

1 小匙薑黃粉

1 小匙紅糖

400 毫升罐裝椰奶

**辣醬**

115 克紅蔥，切片

65 克大蒜，切片

30 克南薑，去皮，切片

10 克腰果

60 克生薑黃，去皮，切片

2 根鳥眼辣椒，切成薄片

2½ 大匙椰糖，切碎

1 根香茅莖，輾壓以釋放風味

1 片卡菲爾萊姆葉（Kaffir lime，又稱泰國檸檬）

125 毫升水

1 小匙鹽

2 大匙椰子油或芥花油

**參巴峇拉煎醬**

1 大匙峇拉煎蝦醬

1 根微辣的紅辣椒，切成薄片

1½ 小匙椰糖

2 大匙萊姆汁

**醃鳳梨**

1 大匙鹽，多準備一些用來塗抹鳳梨

1 顆大小適中的鳳梨，去皮

2 大匙黑糖（Muscovado sugar）

100 毫升水，煮沸冷卻

1 大匙切碎的青辣椒或紅辣椒

1 小匙羅望子醬

120 毫升蘋果醋或米醋

當我想到要找幾個朋友一起合作構思食譜時，我知道一定要找我的好友兼傑出大廚 —— 傑克 ‧ 史坦（Jack Stein）。我在幾年前參加一場「厄夜叢林」（Blair Witch Project）[7] 風格的獵鹿活動時，認識了傑克，不過關於那件事，還是別說太多比較好。

從那時起我們就是好友，而傑克總是會帶給我靈感。他和他弟弟查爾斯（也是我的好友）都是餐酒圈的佼佼者。這些年來，我和整個史坦家族建立了深厚的友誼。他們在現今的餐飲業不僅是最親切、好客又務實的餐廳經營者，也充滿人情味。位於英格蘭帕德斯托（Padstow）的史坦海鮮餐廳（The Seafood Restaurant），至今仍是我死前必吃的第一選擇，而且永不改變。傑克是熱愛峇里島的衝浪好手，也因此我們從這道食譜開始合作，是再適合不過了。我們試著呈現出印尼所有的獨特風味，希望你跟著做時，能和我們設計食譜時，一樣樂在其中。

全雞

曲目一

**34**

首先製作醃料。用一塊鋁箔紙包住蝦醬，放入烤箱烤 15 ～ 20 分鐘，直到香味釋出為止。用攪拌機或食物調理機將其他的材料打成泥狀，但不需要打到非常細緻。

將雞肉塊放入一個托盤或大碗內，加入醃料並翻動雞肉塊，使醃料包覆其表面。放入冰箱冰至少 6 小時，但冰 24 小時會更好。

在此同時，開始製作醃鳳梨。用鹽塗抹整顆鳳梨，然後靜置於室溫中 1 小時。

用流動的冷水沖洗掉鳳梨上的鹽，接著把鳳梨切成 4 等分，用切碎的紅辣椒、黑糖和 1 大匙鹽抓勻。將混合好材料的鳳梨裝進已殺菌的基爾納（Kilner）密封罐裡。

在一個平底深鍋內加入水、醋和羅望子醬，用小火慢煮，然後將醬汁倒入密封罐裡，待冷卻後蓋上蓋子。醃鳳梨隔天就能吃了，冷藏能保存至少 3 個月。

雞肉醃好後，從冰箱取出並瀝乾醃料，接著靜置讓雞肉回到室溫。

將烤箱預熱到攝氏 180 度。

**全**
**雞**

同時，開始製作辣醬。除了油以外，將其他所有的材料放入食物調理機中，打成細緻的泥狀。接著加入油，混合均勻後置於一旁備用。

將雞肉塊放入深烤盤中，在其表面塗抹厚厚一層辣醬。烤 30 ～ 40 分鐘，直到肉熟透為止。雞皮側緣應該會有一點焦黑。

在烤雞的同時，開始製作參巴峇拉煎醬。用小火加熱中式炒鍋或平底深鍋，接著加入蝦醬，燒 2 ～ 3 分鐘，直到香味釋出為止。取出蝦醬，加入研磨缽或食物調理機裡，和辣椒、糖、萊姆汁一起搗碎或攪碎，直到質地變得細緻為止。置於一旁備用。

準備上菜。將烤雞肉塊擺放在大餐盤上，接著附上參巴峇拉煎醬、醃鳳梨以及萵苣葉或糯米飯。

# 醬油糖蜜燉雞
## SOY & MOLASSES POACHED CHICKEN

6 人份（或 4 人份，如果你想留一些日後享用也行！）

1.8 ～ 2.8 公斤全雞

4 ～ 5 厚片生薑，去皮，稍微搗碎

3 ～ 4 根青蔥，切成 5 公分小段

4 瓣大蒜，去皮，稍微搗碎

250 毫升老抽

125 毫升次級糖蜜 [8]（Dark molasses）

1 大匙紹興酒

125 毫升生抽

½ 小匙白胡椒粉

1 公升水或優質雞湯

1 枝肉桂棒

2 顆八角

**薑蔥蓉醬**

1 束青蔥，切成細蔥花

3 公分生薑，去皮，磨泥

5 大匙芥花油

1½ 小匙生抽

2 小匙紹興酒

½ 小匙馬爾頓海鹽

**噴火辣醬**

4 大匙市售花生香辣油（我喜歡「老干媽」這個牌子）

1 大匙芥花油

2 大匙油蔥酥

½ 小匙花椒粉

**搭配**

400 克壽司醋飯

2 顆清脆的小寶石蘿蔓萵苣（Baby gem lettuce）

這道食譜令人驚艷，但做起來非常容易。我喜歡在週末或週六晚上，待在家做這道燉雞，回味令人懷念的外帶中式料理。它端上桌不僅賞心悅目，與朋友共享也別有一番樂趣。

這道食譜的變化層出不窮，你至少能變出另外兩種吃法。把剩餘的雞肉夾在兩片白吐司中間，配上萵苣和日本丘比美乃滋（Kewpie mayonnaise），就能得到一份美味的點心；或是用剩下的高湯煮一些炒麵，加入自己喜歡的蔬菜，起鍋後淋一點辣油，就能在週日晚上享受療癒心靈的食物。你也可以把剩下的滷汁冷凍起來，日後做任何烹飪實驗時，當作老滷來使用（見第 44 頁，有一些點子可供參考）。

在這道食譜中，我用兩種我最愛的蘸醬來搭配燉雞 —— 清爽的薑蔥蓉醬和辛辣的噴火辣醬。這兩種蘸醬在我們的餐廳也吃得到。我希望燉雞是這道料理的主角，因此我讓其他東西的味道盡量輕盈一點，並附上壽司醋飯和盛裝用的萵苣葉，這樣大家都能自行搭配。你可以前一天煮好，上菜前再加熱，讓自己有時間和朋友同樂！

開始製作燉雞。除了雞以外，將其他所有材料放入能裝進整隻雞的大鍋子裡，用大火煮滾。小心翼翼地把雞放入煮滾的高湯裡，雞胸那面朝下，然後蓋上鍋蓋，調至中火慢燉 30 ～ 45 分鐘，直到雞肉熟透為止。高湯應該要保持微滾，所以要小心不要煮太沸，以免肉質變得乾柴。

檢查雞肉熟度時，可以用溫度計插入雞大腿最肥厚的部位，插到接近骨頭的深度，溫度應該要在攝氏 70 ～ 75 度。也可以用小刀刺進相同部位，看看流出來的肉汁是否清澈。如果還有一點粉紅色，就繼續燉個幾分鐘，然後再檢查一次。關火後，不要打開鍋蓋，讓燉雞靜置至少 3 小時，若 6 小時會更好。當你準備上菜時，只要用小火加熱，然後取出燉雞，擺放在大餐盤上。

開始製作薑蔥蓉醬。將所有材料放入一個碗裡混合均勻。這個蘸醬可以在 1 或 2 天前先做好，放久一點，味道會更好。如果是在當天製作，靜置至少 2 ～ 3 小時，讓風味提升到最濃郁的狀態。

開始製作噴火辣醬。將所有材料放入碗中混合，然後放在一旁備用。冷藏最多可保存 2 個禮拜。

上桌前，將煮好的壽司醋飯放進一個大餐碗裡。小心翼翼地撕開萵苣葉，注意要維持完整的形狀，這樣才能用來裝飯和雞肉。將蘸醬放入小碗內，然後把所有的配料和燉雞擺放在桌上。用萵苣杯裝些雞肉和醋飯，再蘸點蘸醬，就能享用了。

難易度：
還算輕鬆

全雞

# BREASTS

雞胸

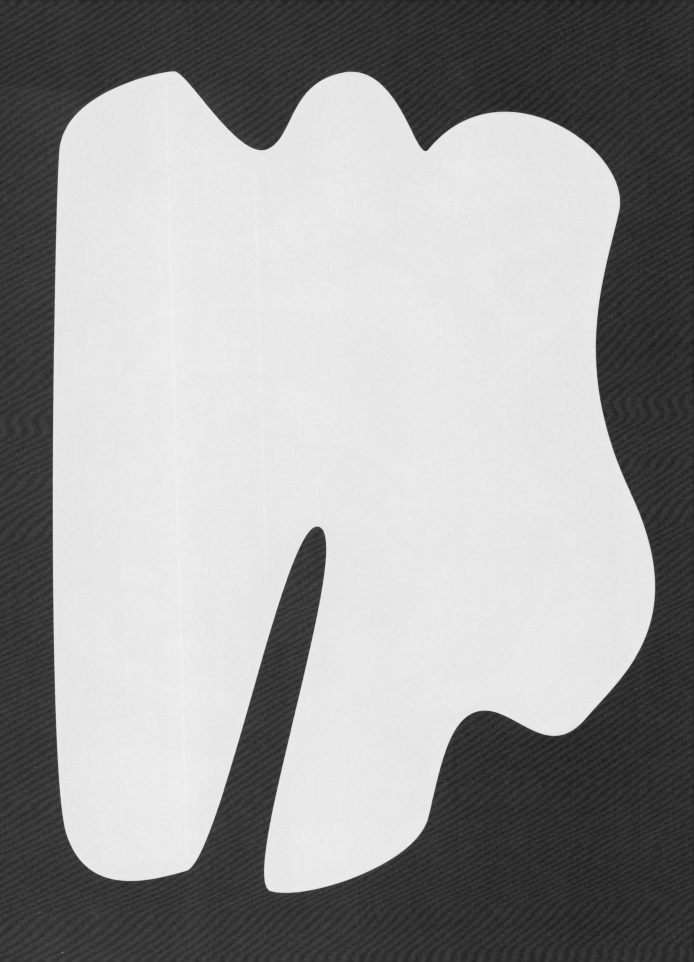

# 楓糖醬油烤雞胸
## SOY AND MAPLE-GLAZED CHICKEN BREAST

4 人份

4 片雞胸肉，帶皮
120 克純楓糖漿
80 毫升生抽
1 大匙米醋
2 大匙芥花油
馬爾頓海鹽和現磨黑胡椒粉

**搭配**
1 份辣漬鳳梨芒果（見第 173 頁）
1 份芝麻海帶芽拌小黃瓜（見第 190 頁）

這是目前為止最簡單的一道食譜，讓你能在下班後迅速做好，前提是要在前一天先醃肉。雞胸肉在烹煮時很容易喪失水分，沒有什麼比乾柴的雞胸肉還要糟糕。這時，我們就要靠鹽水醃漬法發揮神奇的魔力了。

雞胸肉幾乎沒有脂肪，純粹是肌肉，因此我們需要運用技巧，讓肉能盡量保持濕潤。為了讓雞皮酥脆，在醃漬後，將未加蓋的雞胸肉放入冰箱，利用循環的冷空氣使雞皮風乾，這是很重要的步驟，因為乾燥的雞皮會變酥，濕潤的雞皮則會變軟。這道食譜中的雞肉鹹甜並具，很適合搭配冰涼的芝麻海帶芽拌小黃瓜或辣漬鳳梨芒果。

按照第 24 頁的步驟，用鹽水醃漬雞胸肉 1 小時（可省略）。

如果有使用鹽水醃漬，從鹽水中取出雞胸肉後，要用紙巾拍乾。將雞胸肉放入一個淺碗內，放進冰箱冰 1 小時，使雞皮風乾。不然也可以先用紙巾拍乾，再將未加蓋的雞胸肉冷藏 30 分鐘。

在另一個大淺碗內，將楓糖漿、生抽和米醋混合均勻。用海鹽和黑胡椒粉為雞胸肉調味，再把雞胸肉放入楓糖醬汁中，包上保鮮膜後，放進冰箱醃 3 小時。若能醃 24 小時更好。

將烤箱預熱到攝氏 180 度。

把油倒入適用於烤箱的大煎鍋加熱。如果沒有夠大的鍋子，也可以使用烤盤，這樣放入食材後才不會太擠。將雞胸肉放進鍋內，帶皮的那面朝下，用中火煎 5 分鐘，或煎到皮變金黃為止。將雞胸肉翻面後，放入烤箱烤 10 ～ 12 分鐘，偶爾要翻面，以免醃料焦掉。烤好後，從烤箱取出，靜置 5 分鐘。

雞胸肉搭配醃芒果和涼拌小黃瓜一起上桌。

雞
胸

# 雞柳天婦羅佐藍莓海鮮醬
## TEMPURA CHICKEN TENDERS
## WITH BLUEBERRY HOISIN

做為主食 2 人份，做為點心 4 人份

**40**

難易度：
還算輕鬆

雞
胸

1.5 公升芥花油
12 條雞柳（位於雞胸內側的里肌肉條）

**天婦羅麵糊**
1 大顆蛋
200 毫升冰水
120 克中筋麵粉
120 克玉米澱粉
½ 小匙鹽

**藍莓海鮮醬**
20 克生薑，切成細末
250 毫升鳳梨汁
450 克新鮮藍莓
375 毫升海鮮醬
100 克蜂蜜
60 毫升白酒醋
40 克細砂糖
10 克是拉差辣椒醬（Sriracha）
55 克奶油

雞柳就是雞胸內側的里肌肉條，是整隻雞最軟嫩的部位。雞柳的肉質非常細緻，因此需要小心料理，以免變得乾澀。雞柳很適合炸成天婦羅，因為烹調時間短。況且，任何食物用炸的都會變好吃，對吧？這道菜融合日式、中式和「卡爾式」風格，而且就和我的多數創作一樣，在大部分情況下都能成立。

但我必須老實說，還是有例外的時候。我第一次製作這個海鮮醬，是在布萊德・卡特（Brad Carter）的米其林星級餐廳裡。這家餐廳就位於我的家鄉伯明罕，裡面設有奇肯薩爾（Chick 'n' Sours）的全日外帶吧。當時覆盆子季已經結束，所以我做了藍莓口味的海鮮醬，用來搭配「成都辣味轟炸堡」（Chengdu chilli bomb），做為一道小點。藍莓是很棒的替代選擇，因為一年四季都有，而且能為味道強勁的海鮮醬，增添一點水果的香甜。這種醬和任何炸物都很搭，特別是和炸起司一起，更是絕配。

開始製作麵糊。在一個碗裡，用筷子混合蛋和水，接著拌入麵粉和鹽，但不要過度攪拌，有結塊顆粒也沒關係。包上保鮮膜後，放入冰箱冷卻，等到要油炸前再取出。注意在料理過程中，麵糊要保持在非常冰冷的狀態。

開始製作藍莓海鮮醬。將所有材料放入平底深鍋中，用小火慢燉約 30 分鐘，直到醬汁會附著在湯匙背面即可。接著，用手持式攪拌器打到醬汁變滑順為止。把醬汁移到一個碗內，包上保鮮膜後，放入冰箱冷卻，等到要盛盤前再取出。

用一個大平底深鍋熱油，直到油溫達到攝氏 180 ～ 190 度為止。也可以用麵包屑測試，放進油鍋 30 秒內嘶嘶作響，就表示夠熱了。將雞柳裹上一層麵糊，甩掉多餘的量後，放進油鍋炸 4 ～ 5 分鐘，直到麵衣變得金黃酥脆為止。

用炸天婦羅的方式一條一條地炸。在炸雞柳的同時，仔細地用筷子滴一些麵糊在雞柳上方，以製造麵衣的層次感。一旦炸好，就從油鍋中取出雞柳，放在網架上瀝油，再搭配藍莓海鮮醬盛盤。

# 羅米的奶油雞
## MY FRIEND ROMY'S BUTTER CHICKEN RECIPE

4 人份

1 公斤無骨雞胸肉，切丁

印度烤餅（Naan），做爲用來搭配（見第 102 頁；可省略）

**醃料**

50 克原味希臘優格

2 小匙薑泥

2 小匙蒜泥

1 小匙葛拉姆馬薩拉香料（Garam masala）

1 小匙馬薩拉調味粉（見第 195 頁）

1 小匙孜然粉（小茴香粉）

1 小匙香菜籽粉

1 小匙克什米爾紅辣椒粉（Red Kashmiri chilli powder）

1 小匙鹽

**醬汁**

6 大匙腰果

6 小匙印度酥油（Ghee）或奶油

2 小匙薑泥

2 小匙蒜泥

6 小匙番茄泥

3 小匙乾燥的胡蘆巴葉（Fenugreek leaves）

1 小匙葛拉姆馬薩拉香料

1 小匙馬薩拉調味粉

½ 小匙薑黃粉

1 小匙克什米爾紅辣椒粉

2 小匙鹽

500 毫升單倍鮮奶油 [9]（Single cream 或 Light cream）

400 毫升水

**米飯（可省略）**

200 克巴斯馬蒂香米（Basmati rice）

1 大匙奶油或料理油

1 大匙孜然籽（小茴香籽）

300 毫升熱水

當初有人找我寫這本書時，我想要做的一件事，就是把我的廚師朋友所設計的一些食譜也放進書中。這些朋友都是我很尊敬的人，他們每天對這個產業，或是為自家餐廳與社區提供的食物，都投注了真摯的情感與熱忱。羅米是一位英籍印度廚師，曾在英國女王 90 歲壽典上獲頒員佐勳章（MBE），同時也是羅米廚房（Romy's Kitchen）的前主廚兼經營者。這家餐廳位於英格蘭格洛斯特郡（Gloucestershire）的索恩伯里（Thornbury）。當時她的料理風格非常獨特又崇尚自然：她巧妙融合了那些從小在印度接觸的風味與香料，以及那些搬到英國後才認識的食材。

這家餐廳已結束營業，儘管令人惋惜，但羅米持續在各種快閃活動中，提供驚人的美食，同時也創作自己的食譜書；值得一提的是，她最新的食譜書是關於蔬食料理。她也是我在這行認識的人當中，最可愛、真誠又勤奮的人。以下是她的奶油雞食譜。這道料理我吃過不少次，而且是我這輩子吃過最棒的奶油雞：濃郁、奢華又療癒。對我來說，這道奶油雞搭配一些印度烤餅或麥餅（Chapati），最適合週日夜晚。

在一個碗裡混合所有的醃料材料，直到完全融合為止。加入雞胸肉，翻攪使醃料包覆其表面，然後包上保鮮膜，放入冰箱醃至少 2 小時，若能醃一整晚更好。

準備要料理時，將烤箱預熱至攝氏 200 度，或是將燒烤爐調到中高溫。

把醃好的雞胸肉放在烤盤，用烤箱或燒烤爐烤 10～12 分鐘，直到雞胸肉軟嫩且熟透為止（取決於烤箱，所需時間可能會縮短）。

開始製作醬汁。用攪拌機將腰果磨成細粉。

用附蓋的大平底深鍋以中火加熱印度酥油。加入薑泥和蒜泥煮 1～2 分鐘，直到顏色轉為淺褐色為止。加入番茄泥煮 3～4 分鐘，直到變乾且油分離出來為止。加入胡蘆巴葉和剩餘的香料、鹽、鮮奶油、磨成粉的腰果、水，攪拌均勻，接著煮 5 分鐘。加入烤好的雞胸肉，使其與醬汁混合後，用小火煮 10～20 分鐘。將鍋子移離爐架，蓋上鍋蓋後靜置 30 分鐘，就能上桌了。在此同時，也可以利用時間準備米飯。

如果要用飯搭配奶油雞，就先在一個碗內用水浸泡米 30 分鐘，然後把水瀝乾，放在一旁備用。用一個附蓋的大平底深鍋，以中火加熱奶油或料理油。加入孜然籽和泡過水的米，炒 2 分鐘。加入熱水，混合均勻後蓋上鍋蓋。煮約 5 分鐘使水分蒸發，接著將鍋子移離爐架，用紙巾覆蓋米飯後蓋上鍋蓋。靜置 5 分鐘，就能搭配奶油雞享用了。如果你喜歡，也可以附上印度烤餅。

羅米的奶油雞

# 滷雞胸佐鹽漬檸檬辣味碎沙拉
## MASTERSTOCK CHICKEN BREAST
## WITH PRESERVED LEMON AND CHILLI SLAW

4 人份

**44**

難易度：
值得努力

雞
胸

4 片無骨雞胸肉，帶皮
3 大匙芥花油

**滷汁**
1.5 公升雞湯
115 毫升生抽
250 毫升紹興酒
125 克椰糖
3 瓣大蒜
1 枝肉桂棒
2 顆丁香
3 顆八角
1 小匙烘烤過的孜然籽
1 小匙花椒粒
½ 小匙香菜籽
½ 小匙茴香籽

**碎沙拉**
100 克白蘿蔔，切絲
100 克羽衣甘藍，切絲
100 克小白菜，切絲
2 片紫蘇、薄荷或香菜葉，切絲

**沙拉醬**
6 根完整修長的青辣椒，去籽
1 整顆鹽漬檸檬，去籽
1 大匙芥花油
150 克日本丘比美乃滋
2 大匙原味優格
海鹽和現磨黑胡椒粉

我第一次煮這道菜是在英國料理節目【星期六廚房】（Saturday Kitchen）上，當時正值開放狩獵的季節，因此以鷓鴣取代雞做為食材。鷓鴣的肉質非常精瘦，所以我採用傳統法式「燉烤」（Poche grille）做法來處理。這是我過去在馬可・皮耶・懷特的麗城餐廳裡學到的技巧，能讓雞胸肉在料理過程中，盡可能保持濕潤，並在一開始的燉煮階段增添風味，最後再把皮烤到酥脆。

在這道食譜中，雞胸肉會先用鹽水醃漬，再用老滷汁燉煮。這種滷汁之所以叫「老滷」，是因為它會一再重複利用，使味道隨時間而變得更有深度。據說有些老滷汁已有超過 100 年的歷史，而且至今仍使用於料理。不過，為了要能重複利用，你必須在每次使用時，都將老滷汁煮滾，並撈除所有的浮渣，才能再放回冰箱。我的小撇步是煮一大鍋滷汁，並在使用後冷凍，之後也是重複利用再冷凍。我用爽口的辣味綠蔬碎沙拉做為搭配，因為它能平衡這道料理的所有香料味，同時增加清爽度。

按照第 24 頁的步驟，用鹽水醃漬雞胸肉 1 小時（可省略，但這道菜很值得你這麼做）。

準備製作滷汁。將所有材料加入一個大平底深鍋中，用小火慢燉 30 分鐘。加入雞胸肉，繼續燉 10 ～ 12 分鐘。從滷汁中取出雞胸肉，置於一旁備用（此時雞肉尚未完全煮熟）。

接著製作碎沙拉。將所有材料放入碗內混合，然後放在一旁備用。

開始製作沙拉醬。將青辣椒、鹽漬檸檬、油和鹽放入調理機中打成滑順的泥狀。加入美乃滋和優格混合均勻，然後用鹽巴和黑胡椒粉調味。取適量醬汁拌入沙拉即可，不要過濕。

用平底炒鍋或煎鍋以中小火熱油。放入雞胸肉，帶皮的那面朝下，煎 8 分鐘，直到顏色變金黃為止。在最後 1 分鐘要翻面。取出雞胸肉，搭配碎沙拉盛盤。

# 豆豉雞丁烏龍麵
## SLICED CHICKEN BREAST
## WITH NOODLES AND BLACK BEAN SAUCE

4～6 人份

400 克烏龍麵

3 大匙芥花油

3 大片無骨雞胸肉，切成 1 公分小丁

**豆豉醬汁**

15 克薑末

2 大瓣大蒜

2 小匙生抽

2 小匙老抽

1 大匙豆豉或豆豉醬

65 毫升味醂或米醋

50 克蠔油

50 克細砂糖

50 毫升雞高湯

2 大匙紹興酒

2 小匙芝麻油

50 毫升水

1 小匙玉米澱粉

**裝飾**

100 克青蔥，切成蔥花

50 克紅辣椒，切片（可省略）

½ 根小黃瓜，切成細條

烏龍麵在日本是最常吃的麵類，通常會加在熱高湯裡，或是做成冷麵配蘸醬食用。熱麵和冷麵的差別在於口感；冷的比較有嚼勁。冷麵也能提供多一種選項，讓你除了在冬天享受熱騰騰的湯麵，在夏天也能吃到清涼消暑的口味。雖然這道食譜與日式風味的烏龍麵無關，但我認為口感 Q 彈的烏龍麵，很適合用來做這道料理。

黑豆豉是用大豆鹽漬發酵製成，具有一種強烈、略帶苦澀與甘甜的味道，被廣泛運用在各種中式料理中。這道豆豉雞丁烏龍麵很適合搭配用蒜蓉清蒸或快炒的中式常見蔬菜，例如小白菜。

開始製作豆豉醬。用攪拌機將薑、蒜、生抽和老抽打成滑順的泥狀。加入豆豉繼續攪打，直到豆豉被打碎但仍能看到細碎顆粒為止。除了水和玉米澱粉外，將打好的醬和剩餘的所有材料都倒入平底深鍋中，用小火燉煮 10 分鐘。

將玉米澱粉倒入一個小碗內，加水快速攪打均勻後，加入煮好的豆豉醬裡攪拌混合。

按照包裝上的指示煮烏龍麵，然後放在一旁備用。

在中式炒鍋或深煎鍋內加入少許芥花油，用中火加熱。加入雞胸肉炒 2 分鐘。倒入豆豉醬再煮 5 分鐘，直到肉熟透為止（不要讓醬汁收得太乾），然後將鍋子移離爐架。

將溫熱的麵條放入深麵碗內，用湯匙將雞肉和豆豉醬舀到麵條上。最後用蔥花、辣椒片（如果有使用）和小黃瓜條裝飾。

難易度：
還算輕鬆

雞
胸

# 創意基輔雞
## RE-IMAGINED CHICKEN KIEV
4 人份

難易度：
還算輕鬆

雞
胸

4 大片無骨雞胸肉，帶皮

2 顆蛋

200 克中筋麵粉

200 克日式麵包粉 [10]
（Panko breadcrumbs）

1 公升芥花油

**香蒜奶油**

1 小匙烘烤過的蝦醬

1 根鳥眼辣椒，去籽（可省略）

1 瓣大蒜

1 大根香蕉蔥 [11]（Banana shallot），切成
細丁

1 小匙椰糖

2 大匙萊姆汁

250 克優質無鹽奶油

2 大匙切碎的香菜

**搭配**

清脆的綠蔬沙拉

薯條

我愛基輔雞。這是一道經典菜餚，若處理得好，味道真是一絕。這道菜的食材非常簡單，但你需要用點技巧，讓香蒜奶油在料理過程中，能停留在雞肉內。最美妙的一刻就是當你切開雞肉、融化的奶油傾瀉而出的時候。料理這道菜的訣竅，就是將奶油塞入雞胸肉內部後，要把開口仔細封好，接著放進冰箱冷藏，使奶油在油炸前，保持冰硬的狀態。

我想在這本食譜書裡找些樂子，用我的方式改造一些經典名菜。不是因為這些料理的原始做法有任何問題，只是因為當我看到食物時，腦袋就會不停運轉，恣意想像，在腦海中迸出一百萬個「假設」。我在這道食譜中，注入了泰式料理的元素，在奶油中加入蝦醬、椰糖、萊姆汁和辣椒，讓它變得更火熱。如果奶油不幸軟化，就會在料理過程中流失；相信我，沒有什麼比空心的基輔雞還要悽慘！這道料理和淋上檸檬油醋的綠蔬沙拉是絕配，也可以依我喜歡的吃法：搭配薯條。

開始製作香蒜奶油。將香菜以外的其他所有材料放入攪拌機中，打成滑順的泥狀，再混入切碎的香菜。完成後，放在一旁備用。

用一把銳利的刀，在雞胸肉的側邊切出一道像口袋的切口，但不要切到底。把香蒜奶油分成 4 份，填入每片雞胸肉的口袋內。將切口兩側的雞肉往上拉，以覆蓋住奶油，然後放入冰箱冷藏至少 1 小時。

將烤箱預熱至攝氏 180 度。

在一個碗裡打蛋，在第二個碗裡倒入麵粉，然後在第三個碗裡倒入日式麵包粉。先用每片雞胸肉蘸麵粉，甩掉多餘的量後，再浸蛋液，最後裹上麵包粉，使其均勻包覆雞胸肉的兩面。放回冰箱靜置 30 分鐘。

用中式炒鍋或平底深鍋熱油，使油溫達到攝氏 160 度。也可以丟一塊麵包屑進去，在 30 秒內嘶嘶作響即可。一次炸兩片雞胸肉，每一面炸 3～4 分鐘，直到表面變金黃為止。從油鍋中取出基輔雞，置於烤盤上，放入烤箱烤 8～10 分鐘，直到肉熟透為止。

搭配清脆的綠蔬沙拉或薯條上桌。

# 日式濃醬肉丸
## JAPANESE MEATBALLS
## WITH STICKY BASTING SAUCE

4 人份

難易度：
還算輕鬆

10 片紫蘇葉（可省略）

500 克雞胸絞肉（可請肉販幫你絞肉）

1 大匙芝麻油

1 大匙味噌（可以的話，請使用紅味噌）

4 根青蔥，切成細蔥花

馬爾頓海鹽

七味粉，適量

### 日式濃醬

125 毫升老抽

125 毫升味醂

60 毫升清酒

60 毫升水

15 克黑糖

1 根青蔥，只取蔥綠的部分，切成細蔥花

雞
胸

日式肉丸通常會出現在串燒店裡，並用日本特有的「備長炭」燒烤製成。這種炭燒得非常慢，溫度也相當高。但如果你在家裡想用燒烤爐或橫紋鑄鐵煎鍋代替，還是能烤出同樣美味的肉丸。

我在這道食譜中使用紫蘇葉；紫蘇葉具有獨特的辛香味，並帶有些許羅勒、茴香和肉桂的風味，用在這道料理效果會非常好。但如果你找不到紫蘇葉，也不用擔心，做出來的肉丸還是會很美味。在料理過程中，肉丸會淋上日式濃醬，使表面包覆著一層黏滑鹹甜的釉汁。這種肉丸很適合當下酒菜，或是在大餐前，跟一群朋友分享的小點心。

將 4 根 12 公分長的竹籤用熱水浸泡 30 分鐘，以防它們在料理過程中燒焦。

在此同時，開始製作醬汁。將醬油、味醂、清酒、水、糖和青蔥加入一個小平底深鍋中，用大火煮至沸騰。接著轉到小火慢燉 30 分鐘，不要蓋上鍋蓋，煮到醬汁收乾一半為止。此時醬汁會變得黏稠有光澤。靜置使醬汁降到室溫後再使用。

將燒烤爐預熱至中高溫。

將紫蘇葉疊在砧板上，捲起來切成細絲。

把雞胸絞肉放進一個大碗內，加入芝麻油和味噌混合均勻。接著加入青蔥和紫蘇葉，用矽膠刮刀拌勻。用乾淨的手以順時鐘方向揉絞肉 30 次，直到絞肉變成細緻的糊狀。將絞肉分成 50 克的小球，然後串到浸泡過的竹籤上，稍微揉成圓餅狀。用鹽稍加調味。

將肉丸串放在燒烤爐上，每面烤約 4 分鐘，然後在燒烤過程的最後 2 ～ 3 分鐘開始淋醬。如果你想要，也可以改用煎鍋煎肉丸串。完成後，撒些七味粉提味。

**小祕訣**
你可以上網或在食品雜貨店找到紫蘇葉。

# 煙燻雞肉洋芋片巧巴達

## BLACKENED CHICKEN SANDWICH WITH POTATO CHIPS AND BREAD AND BUTTER PICKLES

2 人份（超大分量）

2 大片無骨雞胸肉

2 大條或 4 小塊巧巴達（拖鞋麵包），對切

12 ～ 18 根糖醋醃黃瓜（按照第 174 頁做法，或使用市售的蒔蘿醃黃瓜或脆酸黃瓜[12]）

幾片大片的奶油萵苣葉

**煙燻調味料**

½ 小匙黑胡椒粉

½ 小匙花椒粒

½ 小匙小荳蔻粉

1 大匙香菜籽

4 大匙黑芥末籽

1 小匙孜然籽

1 小匙整粒的眾香子

1 大匙昆布粉，用一片昆布研磨而成（可省略）

3 大匙洋蔥粉

6 大匙卡宴辣椒粉（味道非常辣，可斟酌減量）

60 克煙燻甜紅椒粉

20 克番茄湯粉（可省略）

**味噌美乃滋**

200 毫升美乃滋

2 大匙白味噌

**煙燻洋芋片（可省略）**

2 顆烤馬鈴薯，去皮

1.5 公升芥花油，用來炸洋芋片

海鹽

我把這道食譜加進書中，是因為這其中充滿了我對洋芋片三明治的兒時回憶。洋芋片三明治有一種單純的美味，做法非常簡單，就是把兩片白吐司、奶油和任何你喜歡的洋芋片組合在一起。不過在此，我進一步延伸堆疊的概念，將它發揮到最極致。

這道料理基本上運用煙燻調味料，讓雞肉洋芋片三明治多了肯瓊香料的辛味，另外也加上味噌美乃滋醬，增添些許日式風味。不過這並不是正宗的肯瓊（Cajun）調味，因為我在裡面加了帶有花香與麻味的花椒粒，以及帶有鮮味的昆布。加入番茄湯粉是一個簡便又快速的做法，能為整道菜注入令人上癮的甘甜韻味。你可以用一整條巧巴達製作三明治，再切成小份與人同享，或直接為自己做一小份三明治，看你喜歡哪種方式。一旦製作好煙燻調味料後，你會有很多剩餘的量，可以運用在許多其他的食物上，例如肯瓊風味的薯條與雞翅。

將燒烤爐預熱至中高溫，或將烤箱預熱至攝氏 180 度。

開始製作煙燻調味料。將所有材料放入一個碗內混合均勻，接著將調味料存放在一個密封容器內。

接著製作味噌美乃滋。在一個碗內混合所有材料，直到充分融合為止。放在一旁備用。

將 4 大匙煙燻調味料倒在一個盤子上。把雞胸肉放在上面，然後將調味料搓揉到雞胸肉上，直到完全包裹住雞胸肉的兩面為止。每面用燒烤爐或烤箱烤 8 分鐘，直到肉熟透為止。

準備製作煙燻洋芋片。你也可以買已加鹽的市售洋芋片，再撒上一些煙燻調味料，但我現在要教你怎麼親手做。用削片器將馬鈴薯削成薄片，或是用一把銳利的刀，盡量將馬鈴薯切薄。接著，將馬鈴薯放在流動的冷水下沖 15 分鐘，直到所有的澱粉被沖掉、水變得清澈為止。

用一個大平底深鍋熱油，使油溫達到攝氏 180 ～ 190 度，或是丟一塊麵包屑進去，在 30 秒內嘶嘶作響即可。然後放入馬鈴薯薄片炸 2 ～ 3 分鐘，直到顏色變金黃為止。從油鍋取出炸好的洋芋片，用海鹽和黑胡椒粉調味。

將巧巴達的每一面都烤過，並在內側塗上味噌美乃滋。將雞胸肉切片和醃黃瓜疊在一片巧巴達上，再加上萵苣葉和洋芋片。將另一片巧巴達組合上去後，切成兩半，並用好看的雞尾酒飾針（或牙籤）固定。

難易度：
值得努力

雞胸

西安風味法士達

# 西安風味法士達
## XIAN-STYLE FAJITAS
4 ～ 6 人份

難易度：
值得努力

雞胸

4 大片無骨雞胸肉，切條

2 大匙芥花油

12 片溫熱的麵粉薄餅或玉米餅

### 西安風味法士達調味料

3 大匙孜然籽

3 大匙香菜籽

1 小匙乾燥辣椒片

4 小匙德麥拉拉糖 [13]（Demerara sugar）

¼ 小匙味精（可省略）

¼ 小匙鹽

### 鍋底醬

2 大匙芥花油

1 瓣大蒜，切末

1 塊拇指大小的生薑，去皮，切末

2 大匙生抽

1½ 大匙蠔油

1½ 大匙米醋

2 大匙芝麻油

1 大匙芝麻

### 醬油漬甜椒

3 大匙芥花油

2 大顆紅甜椒，切成細條

2 大匙細砂糖

2 大匙生抽

1½ 大匙老抽

100 毫升米醋

### 搭配

250 毫升酸奶油或脫乳清酸奶 [14]（Labneh）

1 份噴火辣醬（見第 35 頁）

2 大匙芝麻

1 束青蔥，切成細蔥花

在設計這道食譜時，我一直思考要如何將中式料理的變化，融入每個人心中最愛的料理 —— 法士達。對小時候的我來說，即使是吃市售包裝的法士達，也是一大享受。我還記得當時難得有機會吃到法士達時，心情是多麼興奮。

孜然通常不會讓人聯想到中菜，但它其實是行經絲路的阿拉伯旅人帶到北方的香料，進而成為西安料理的主要食材。在我的餐廳奇肯薩爾裡，也有一道料理是用孜然搭配雞柳，而且是很受歡迎的招牌菜。法士達很適合與一大群親友分享，每個人都能自己搭配餡料，創造出屬於自己的口味。我希望大家都能藉由這道料理，重溫法士達在過去帶給我們的美好回憶。

開始製作西安風味調味料。將所有的整粒香料與乾燥辣椒片放入無油的煎鍋內，用中火烘 2 ～ 3 分鐘。將烘好的材料移到研磨缽裡，並加入剩餘的調味料，搗成粉末。

接著製作鍋底醬。將芥花油倒入煎鍋內，用中火熱油，然後加入蒜末和薑末迅速翻炒，再加入生抽、蠔油和米醋煮至微滾。一旦醬汁邊緣開始微滾，就加入芝麻油和芝麻，然後把鍋子移離爐架。

準備製作醬油漬甜椒。把油加入大的平底深鍋中，用中火加熱到油變得滾燙。接著加入甜椒炒 3 ～ 4 分鐘，直到甜椒邊緣變得焦黑、但仍帶有脆度。加入細砂糖，甩鍋使糖裹在甜椒表面。然後加入所有剩餘的材料，使醬汁包覆住甜椒。將鍋子移離爐架，放在一旁備用。

現在要進行最後的步驟。將芥花油倒入煎鍋中，用中火加熱。加入雞柳炒 4 ～ 5 分鐘，直到肉幾乎全熟為止。倒入鍋底醬翻攪，並將鍋底的雞肉殘渣全都刮起，煮約 1 分鐘，直到雞肉表面裹上一層醬汁，但不要煮過頭或把醬汁收得太乾。將鍋子移離爐架，置於一旁備用。

用無油的煎鍋加熱玉米餅 2 分鐘，然後放在一旁保溫。

準備上菜時，將雞柳疊在溫熱的玉米餅中央，然後把甜椒、酸奶油、噴火辣醬、芝麻和蔥花加在上面，再撒上大量的西安風味調味料。

# 椰香燉雞
## COCONUT POACHED CHICKEN
4 人份

2 大匙椰子油

2 大匙芥花油

15 片咖哩葉

1 顆白洋蔥，磨泥

20 克生薑，去皮，磨泥

3 瓣大蒜，壓碎

1 大匙薑黃粉

1 大匙孜然粉

2 小匙香菜籽粉

2 小匙西班牙煙燻紅椒粉（Pimenton）

3 顆小荳蔻莢

1 枝肉桂棒

2 顆丁香

4 片無骨雞胸肉

250 毫升雞高湯

400 毫升椰奶

3 根紅鳥眼辣椒，剖成兩半

2 大匙腰果，壓碎

鹽

**搭配**

1 小把炸過的咖哩葉

2 根青蔥，切成蔥花

1 把烤椰子片

1 把烤腰果，壓碎

我在幾年前第一次到訪斯里蘭卡，就立刻愛上這座島嶼。從那時起，我每年都會去待一個月，和這個世界上最美的地方重新建立連結。斯里蘭卡的特別之處不只在食物，還包括當地人民、多元文化與自然美景。這裡雖然是座小島，但因為匯集不同文化，而充滿形形色色的食物。生活在當地的族群包括佛教徒、泰米爾族和一小群回教徒。每一種文化都有自己的料理風格，辣度、食材與風味的變化都不同。

我遊歷島上各地，包括北部的賈夫納（Jaffna），以及位於中部、氣候較其他地方涼爽許多的努沃勒埃利耶（Nuwara Eliya）高地茶園。不過我花最多時間待在南部，那裡朝向印度洋，有非常美麗的海灘。魚在南部海岸地區是最常見的食物，那裡的人會用咖哩葉、辛香料與新鮮椰奶，製作出香味四溢的魚肉咖哩，並搭配各式各樣的蔬菜咖哩（像是腰果咖哩和我最愛的鳳梨咖哩），以及參巴醬和迷你炸薄餅（Poppadom）。

在這道食譜中，我融入了斯里蘭卡的風味，運用雞肉、薑黃和椰奶，創作一道帶有淡雅椰香的濃郁咖哩，希望能讓你身歷其境，感受到印度洋之珠的魅力。

將椰子油和芥花油倒入大的平底深鍋中，用中火加熱。

加入咖哩葉，稍微炒 2 分鐘。加入洋蔥泥再炒 5 分鐘，直到顏色轉為深褐色為止。加入薑泥和大蒜再煮 5 分鐘，然後加入所有香料和雞肉翻炒，直到香料包覆住肉的表面為止。

加入高湯、椰奶和辣椒，接著用小火燉煮約 20 分鐘，或煮到肉熟透為止。在燉煮的最後 10 分鐘加入腰果，然後以鹽調味。

從咖哩中取出雞肉切片。把咖哩醬汁倒入溫熱的碗裡，放入雞肉片、炸咖哩葉、蔥花、椰子片和腰果。

難易度：
易如反掌

雞胸

曲目二

# 炸雞柳佐辣起司醬
## CHICKEN STRIPS WITH QUESO FONDUE

4 人份

4 片無骨雞胸肉，每片切戎 4 條大小相等的雞柳

6 顆蛋

400 克中筋麵粉

300 克日式麵包粉

100 克味道濃郁的切達起司，切成小方塊

100 克萊斯特起司（Red Leicester），切成小方塊

5 片美國起司

1 大匙玉米澱粉

8 克奶油

2 大瓣大蒜，切成細末

½ 小顆白洋蔥，切成細末

2 顆番茄，去籽，切成細丁

375 克蒸發乳 [15]（Evaporated milk）

5 根瓶裝的哈拉皮紐辣椒（jalapeño chilli），去籽，切成細丁

¼ 小匙洋蔥粉

¼ 小匙孜然粉

2 ～ 3 大匙全脂牛奶或水，視情況可能需要增量

2 大匙芥花油，用來炸雞柳

鹽，適量

誰不喜歡炸雞柳？炸雞柳最棒的一點，是你可以發揮創意，用無數種不同的材料做成麵衣，例如壓碎的多力多滋或英國零食斯堪比蝦餅（Scampi Fries）。在這道食譜中，我使用的是日式麵包粉，因為它們是以冷凍乾燥技術製成，能使食物油炸後，變得非常酥脆。不過你也可以盡情使用不同的材料代替。

辣起司醬（Queso）是一種極具德墨特色（Tex-Mex）的蘸醬，從德州的休士頓到聖安東尼奧，不論你踏入哪家餐廳，幾乎都能在菜單上找到好吃的辣起司醬。這種蘸醬濃稠滑順，味道強烈，因為加了煉乳而帶有微甜與特殊質地，很適合做為零食和一群朋友共享。而且每個地方都有屬於自己的版本，會放上不同的配料加以變化，並搭配現炸的墨西哥玉米片。

我的這道食譜保留德墨風味，同時也使用高品質的英國起司與少量的美國起司片，以製造牽絲的效果。另外，我也會加酪梨醬、切丁的番茄和哈拉皮紐辣椒（也可以用切碎的脆酸黃瓜代替），在味道上與起司呈現出鮮明對比。如果想和朋友一起大快朵頤，炸雞柳搭配辣起司醬會是最棒的組合。

按照第 24 頁的步驟，用鹽水醃漬雞肉 1 小時（可省略）。

在第一個碗裡打蛋、第二個碗裡倒入麵粉、第三個碗裡倒入日式麵包粉。先用雞柳蘸麵粉，甩掉多餘的量後，再浸蛋液，最後裹上麵包粉，使其均勻包覆雞柳的每一面。接著將雞柳放入冰箱靜置。

將所有的起司與玉米澱粉放入一個碗內，拌勻使起司裹粉。

將奶油放入大平底深鍋或小湯鍋內，用中火融化。加入蒜末和洋蔥末，用小火煮 3 分鐘，或煮到洋蔥變透明但尚未轉為褐色。加入番茄丁、蒸發乳和裹粉起司。攪拌後，加入辣椒、洋蔥粉和孜然粉。繼續攪拌 3 ～ 4 分鐘，直到起司融化變成滑順的醬汁。用鹽調味，然後拌入牛奶或水，以調整濃度。起司醬冷卻時會變濃稠，到時可再加牛奶或水稀釋。將鍋子移離爐架後，再確認一下鹹度。趁溫熱或回到室溫時上桌。起司醬即使冷卻，應該也會維持柔滑和可以舀起的狀態。

開始準備炸雞柳。用大煎鍋以中火熱油。放入雞柳炸 3 ～ 4 分鐘，或炸到顏色變金黃為止。若需要的話，也可以分批炸。

立即享用炸雞柳蘸辣起司醬吧！剩下的醬可用來搭配玉米片。

# 雞肉香腸泡菜炒飯
## CHICKEN, HOTDOG AND KIMCHI FRIED RICE

4 人份

**56**

難易度：
易如反掌

150 克乾醃斑條培根 [16]，切成 1 公分小條

1 大片無骨雞胸肉，切成 2 公分小丁

½ 大匙植物油（可省略）

100 克洋蔥，切絲

500 克白飯（用 175 克生米烹煮）

75 克市售韓國泡菜

100 克煙燻法蘭克福香腸

2 顆蛋

2 片美國起司

海苔絲，用來裝飾

### 醬汁

2 大匙韓式辣醬

3 大匙芝麻油

2 大匙番茄醬

1 大匙生抽

1 小匙味精（可省略）

1 小匙細砂糖

1 大匙植物油

**雞胸**

這是一道很有趣的料理，我自己很愛，而且常做。炒飯裡融合美式與韓式風味，因為我使用了煙燻法蘭克福香腸。這基本上就是英國早餐會出現的香腸培根蛋炒飯，我喜歡在週末做來當成早午餐。炒飯的醬汁黏稠甜辣，而且，沒錯，還加了味精。如果你不想使用味精，就省略這個步驟，炒飯還是會一樣美味。

好吃的炒飯關鍵就在於白飯。這些年來我學到了一個訣竅，就是在前一晚先把飯煮好，讓水分盡量風乾，然後冷凍一整夜。這麼一來，白飯就會粒粒分明，炒起來也會輕盈蓬鬆，不會濕濕黏黏的。在炒飯前，要先將你的中式炒鍋或平底鍋加熱到非常燙，再加入白飯。剛開始的幾分鐘先不要翻攪，這樣炒飯才會帶有一點爽脆的口感。最後我會加一些美國起司片，融化後，炒飯表面就會有濃香滑順的牽絲起司。韓國泡菜的獨特酸味則能讓炒飯吃起來更爽口。

開始製作醬汁。將所有材料放入一個碗裡混合均勻，然後放在一旁備用。

接著，將培根條放入大的煎鍋或中式炒鍋內，用中大火煎 3～4 分鐘，直到培根變得金黃酥脆，但不要讓它們焦掉。從鍋中取出培根條後，加入雞肉煎 4～5 分鐘，直到肉熟透為止。取出雞肉，若有需要可再加一點油，然後加入洋蔥絲，用大火炒 2～3 分鐘，直到顏色變金黃且稍微有點焦。

將白飯加入熱鍋裡，和洋蔥混合後，均勻鋪在鍋底。先不要翻攪，讓白飯和洋蔥靜置 1～2 分鐘，這樣底部就會變得較脆。接著加入培根、雞肉、泡菜和法蘭克福香腸，翻炒 1～2 分鐘，再加入醬汁，甩鍋，使醬汁與炒飯充分混合。

在另一個加熱到非常燙的平底鍋裡，用大火煎蛋 2～3 分鐘，直到蛋的底部變酥脆，但蛋黃仍保持柔軟。

將炒飯堆放在盤子內，放上起司片，然後把蛋放在起司上，最後再用海苔絲裝飾。

# 多力多滋炸雞排佐太陽蛋與鯷魚
## DORITOS-COATED SCHNITZEL
## WITH FRIED EGGS AND ANCHOVIES

1 人份

**58**

難易度：
易如反掌

80 克起司口味 [17] 的多力多滋

20 克日式麵包粉

20 克中筋麵粉

1 顆蛋

1 大片無骨雞胸肉，從側邊切開攤平，然後用肉錘敲打，直到肉變成約 2 公釐厚

2 大匙芥花油

1 小塊奶油

1 大顆蛋

2 片高品質的鹽漬鯷魚，用水沖洗過

1 大匙蝦夷蔥末

少許檸檬汁

雞
胸

這道食譜的靈感是來自奧地利經典料理「荷斯坦炸肉排」（Schnitzel Holstein），也就是用小牛肉薄片裹上麵包粉，以奶油煎炸後，再放上太陽蛋和鯷魚。在此，我用雞胸肉薄片取代小牛肉，並以起司口味的多力多滋碎片代替麵包粉。多力多滋不僅能使麵衣變得特別酥脆，也能為雞肉帶來香濃的起司後韻。幾乎所有的食材都很適合用多力多滋來當作麵衣，例如炸起司和炸雞柳，因此，只要選擇你最喜歡的口味就好了。

不要因為捶打雞胸肉的步驟而放棄，這其實是很簡單的技巧，一下子就能完成，而且能縮短煎炸的時間，讓多力多滋不會在雞肉變熟前就焦掉。如果你不想處理雞胸肉，也可以請肉販幫你捶打成薄片。

鯷魚除了能為這道炸雞排添加鹹味，和柔滑的蛋黃也是絕配。這道炸雞排既容易又能迅速完成。你可以在開始煎炸的數小時前，先把雞肉捶薄，裹上麵衣，然後放進冰箱冷藏，等要料理時再取出即可。

將多力多滋倒入食物調理機打碎，然後和日式麵包粉混合。將混合好的炸粉移到一個碗內，接著在第二個碗裡倒入麵粉、第三個碗裡打蛋。

先用雞胸肉片蘸麵粉，甩掉多餘的量後，再浸蛋液，最後裹上多力多滋炸粉，使其均勻包覆肉片的每一面。然後將肉片冷藏約 30 分鐘。

用煎鍋以中火熱油，接著加入雞胸肉片，每面煎炸 3 ～ 4 分鐘，直到肉變熟且呈現金黃色。在最後 1 分鐘加入奶油，繼續煎炸，直到奶油顏色稍微變深為止。將鍋子移離爐架。

準備另一個平底鍋，依照你的喜好煎蛋。

將炸雞排擺放在餐盤上，接著把蛋放在雞排上，再把鯷魚放在蛋上。將蝦夷蔥末和檸檬汁加入鍋中的褐色奶油內，然後將奶油淋在蛋和雞排上，就可以上菜了。

CRUNCH FEST

炸物盛典

# 創意總匯三明治
## A RE-IMAGINED CLUB SANDWICH

1 人份

**60**

難易度：
易如反掌

2 顆蛋

2 根青蔥，切成蔥花

2 大匙芥花油

1 小匙芝麻油

1 片水煮或預先煮好的雞胸肉，切丁

1 大匙酸奶油，混合 ½ 大匙是拉差辣椒醬

1 大匙蝦夷蔥末

鹽和現磨黑胡椒粉

3 片厚切的布里歐麵包

1 大匙美乃滋，混合 ½ 小匙韓式辣醬

1 大顆番茄，切片

3 片美國起司

3 片奶油萵苣葉

1 份醋漬洋蔥（見第 175 頁）

6 片已煮熟的斑條（瘦肉）培根

雞
胸

總匯三明治是我在假日泳池畔的必備點心。這種由三層不同味道與口感組成的烤三明治美味又奢侈，很容易讓人上癮。然而，基於許多原因，要做得好吃並不容易。好比組合食材的時機很重要，因為烤過的麵包需要維持脆度，入口時，不能有濕軟的口感。

我在我的總匯三明治裡，利用韓式辣醬和是拉差辣椒醬融入了亞洲風味。另外，我選擇用歐姆蛋取代傳統的水煮蛋，並將蛋預先切好，組合起來會快速許多。總匯三明治傳統上習慣以白吐司製作，但我喜歡用奶油味濃郁的厚切布里歐麵包，來增加一點奢侈感。這道三明治很適合當成早餐和點心，甚至也可以搭配薯條做為晚餐。

開始製作歐姆蛋。在一個碗裡打蛋，然後加入蔥花、一點芥花油和全部的芝麻油。用小煎鍋加熱剩餘的芥花油，接著倒入蛋液，每面各煎 2 分鐘，直到蛋液凝固為止。把蛋捲成歐姆蛋捲，放入冰箱靜置，待冷卻後切成厚片備用。

準備製作雞肉沙拉。在一個碗內混合雞肉丁與是拉差酸奶油，接著加入蝦夷蔥末，用鹽和黑胡椒粉調味後，置於一旁備用。

將厚切布里歐麵包烤好後，抹上大量的美乃滋。接著依序鋪上一層番茄片和一層起司片。在起司片上放切片歐姆蛋，再鋪上萵苣葉。接著疊上另一片布里歐麵包，再將雞肉沙拉放於其上，然後依序鋪上醋漬洋蔥和培根。

最後，在培根上鋪一層萵苣葉，再抹上美乃滋，然後用另一片布里歐麵包蓋在最上面。將三明治切成 4 等分，並用好看的雞尾酒飾針（或牙籤）固定。

# 青芒雞肉沙拉
## GREEN MANGO AND CHICKEN SALAD
## WITH AVOCADO AND CRISPY SKIN (SOM TAM)

4 人份

**62**

難易度：
易如反掌

雞
胸

1 包無調味泡麵

2 大匙蝦米，用水沖洗過

3 大匙烘烤過的花生

2 瓣大蒜

2～6 根鳥眼辣椒，依照敢吃辣的程度增減

25 根四季豆，切成 1 公分長

20 顆小番茄，對切

2 顆青芒果

3 大匙萊姆汁

1 大匙羅望子汁（若要自己製作，就將羅望子的果肉浸泡溫水 15 分鐘，瀝乾水分，再將果肉過篩。你也可以買市售的羅望子醬，但新鮮的味道好太多了）

2 大匙魚露

3 大匙椰糖

3 大片已煮熟的無骨去皮雞胸肉，切片

1 撮粗鹽

1 把香菜葉，用來搭配

1 把薄荷，用來搭配

涼拌青木瓜是一道在泰國處處可見的料理，會根據地區而有許多不同的變化。有些會加椰糖，有些不會；有些會加魚露，有些會用鹽巴生醃的小毛蟹代替。這道料理裡面有四季豆、青木瓜、番茄和其他食材，並拌入味道強烈的泰式酸辣甜醬。這種醬也會用來搭配許多其他口味的泰式沙拉，或是當成烤雞肉或涼麵的蘸醬。

我在泰國經常看到用泡麵創作的料理；事實上，有一次我在清邁，還曾去過一家很時髦的泡麵餐廳。在這道食譜中，我重新創作了一道我在泰國吃過的大蝦沙拉，只不過我用青芒果來代替蝦子的爽脆口感。泡麵除了為沙拉帶來嚼勁外，顯然也增添了許多樂趣。

將泡麵放在耐熱的碗裡，倒入足以覆蓋住泡麵的滾水。靜置到泡麵變熟後，再放入冰箱冷藏至冰涼。

將蝦米放入無油的煎鍋內，用中火烘 3 分鐘，直到蝦米變酥脆為止。將蝦米從鍋中取出備用。接著將花生加入鍋中炒 3 分鐘，使花生變得香脆，再置於一旁備用。

將蝦米、花生和大蒜移到研磨缽裡，搗成粗泥。加入辣椒，輾壓以釋放風味。接著加入四季豆與小番茄，再稍微輾壓。將所有食材和醬汁從研磨缽裡取出，放入大碗內備用。

將青芒果去皮並切成細絲。最好使用削片器，不然也可以用一把非常銳利的刀子切絲。將芒果絲分批放入研磨缽內稍微輾壓，然後倒入裝有小番茄的大碗內。

在另一個大碗內攪拌萊姆汁、羅望子汁、魚露和椰糖，直到糖溶化為止。將混合醬汁倒入裝有其他沙拉食材的大碗內，然後加入雞肉片和冰涼的泡麵，拌勻使醬汁與所有食材融合，再以鹽調味。最後撒上花生、香菜與薄荷，就能上桌了。

LONG MIN 2

雞絞肉

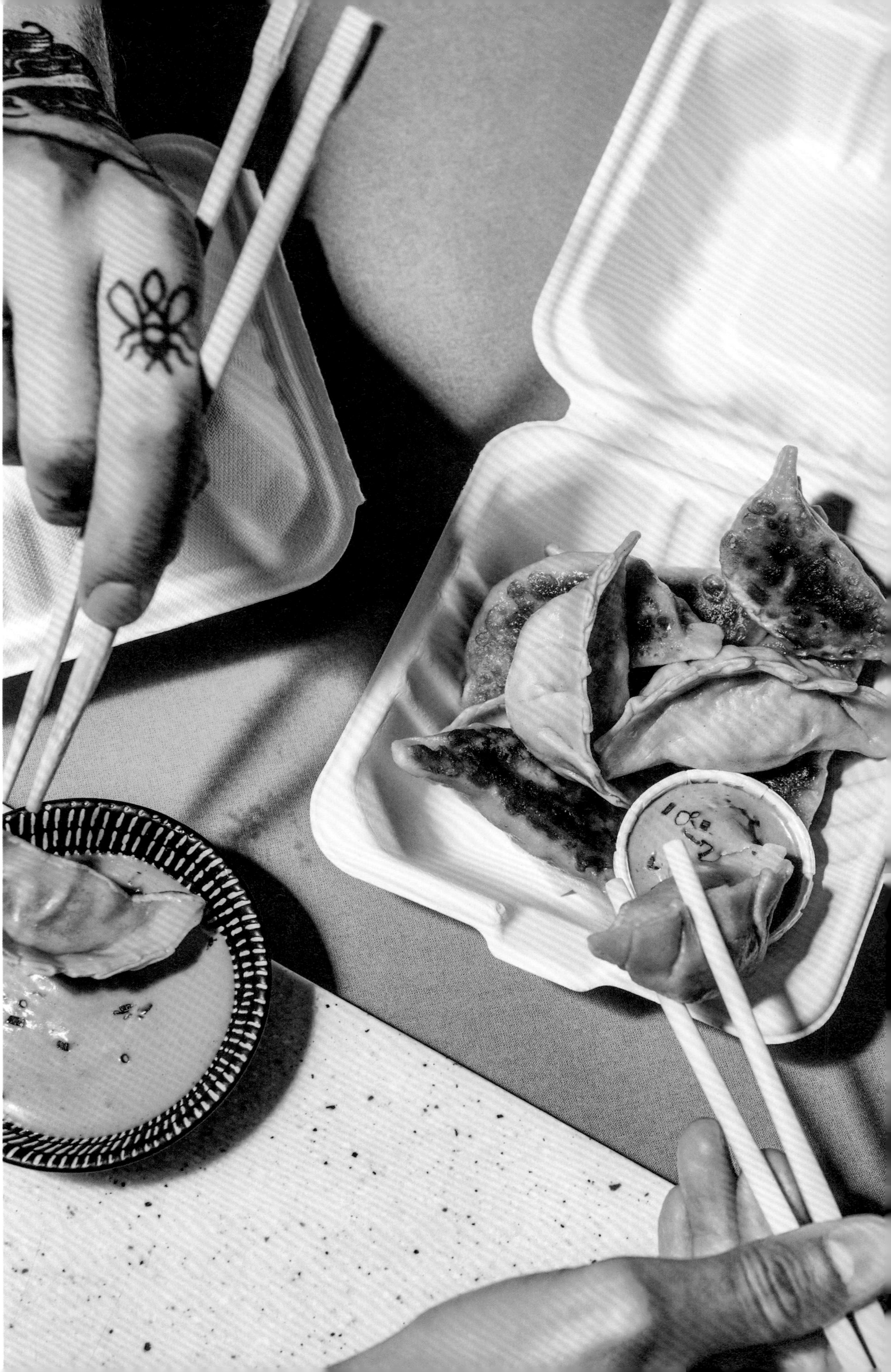

# 泡菜起司雞肉水餃與大麥克風味蘸醬
## CHEESEBURGER DUMPLINGSWITH KIMCHI CHEESE AND BIG MAC-STYLE DIP

約 20 ～ 25 顆

1 大匙植物油，用來煎水餃

**泡菜起司**
1 大匙蒜泥
¾ 大匙薑泥
2 大匙魚露
1 小匙韓式辣椒片
½ 小匙細砂糖
340 毫升牛奶
300 克切達起司，切塊
280 克美國起司片，撕成小片

**內餡**
250 克無骨雞大腿肉
50 克牛骨髓（可省略）
1 大匙馬爾頓海鹽
1 大匙現磨薑泥
1 大匙蒜末
1 大匙芝麻油
100 克市售韓國泡菜

**麵團**
125 克中筋麵粉，多準備一些用來防沾黏
120 毫升冷水

**大麥克風味蘸醬**
100 克預先準備的烤肉醬（見第 104 頁）
100 克美乃滋，例如日本丘比美乃滋

對我而言，水餃只是一種容器，可以裝入任何的內餡。你會發現依據國家與文化的不同，水餃可以有上百種各式各樣的變化。我熱愛港式點心，甚至敢說是我最愛的食物。港式點心非常適合和朋友聚會時享用，因為可以品嚐一大堆口味與口感各有差異的水餃。

在這道食譜中，我利用起司漢堡的概念重新創作水餃，但使用雞肉，而不是一般用來做漢堡的牛肉。另外，我也在起司醬裡加入了韓國泡菜風味，讓這道多一點變化。牛骨髓是讓水餃更美味的關鍵，因為它能讓內餡更多汁潤口 —— 所有好吃的漢堡肉都有這個特色。雖然沒有牛骨髓，水餃還是會很好吃，但加了真的會有差別，而且在肉舖就能買到。大麥克風味蘸醬則是我做過味道最接近實體漢堡的醬料了，所以閉上眼睛，用水餃蘸醬，然後一邊吃一邊想像自己在麥當勞吧！你就會知道我在說什麼了⋯⋯。

開始製作起司醬。將蒜泥、薑泥、魚露、辣椒片和細砂糖加入碗內，用手持式攪拌器攪打至滑順。將牛奶倒入大的平底深鍋內，加入剛才打好的泥，用中小火慢煮至微滾。加入起司攪拌，直到起司與牛奶融合一起。用手持式攪拌器攪打數分鐘，使起司醬變得柔滑光亮。將起司醬倒入深烤盤內，冷藏一整夜。完成的起司醬分量會比你需要的多，但書中有其他的料理也用得到。

準備製作水餃內餡。除了泡菜，將所有其他的食材都放入食物調理機攪打（泡菜之後再加入，才會有爽脆的口感）。將打好的餡料移到碗內，用保鮮膜包好，放入冰箱冷藏至少 1 小時。將 100 克冷藏後凝固的起司切成非常小塊，然後和餡料混合（其他的起司可留著之後再用）。

開始製作麵團。將麵粉放入大碗內，再將全部的水一次倒入。用手混合均勻，直到形成麵團為止。把麵團倒到撒上薄薄麵粉的工作檯面上，揉 5 分鐘，或揉到麵團變平滑為止。靜置 5 分鐘。

接著製作蘸醬。在一個碗裡攪拌烤肉醬與美奶滋，直到充分融合為止。

取一小塊約 30 克的麵團，在撒上薄薄麵粉的檯面上壓平，然後用撒上麵粉的擀麵棍，擀成直徑 7.5 ～ 10 公分的圓形水餃皮。挖一小球餡料，放在水餃皮中央，接著餡料上放一小撮泡菜。用指尖捏合水餃皮邊緣，然後把水餃放在一張烘焙紙上。重複同樣的步驟，直到麵團、餡料和泡菜都用完為止。

將植物油倒入附有蓋子的寬大平底深鍋內，用中大火加熱。將水餃放入鍋中，以繞圓的方式排滿，使每顆水餃彼此緊貼。煎 1 ～ 2 分鐘，直到底部微焦。灑一點水到鍋內，然後立刻蓋上蓋子。把火稍微轉小，繼續蓋著蓋子悶 3 ～ 4 分鐘，直到肉完全熟透為止。待皮變透明、底部變酥脆時，就表示水餃煎好了。搭配蘸醬立即上桌。

難易度：
值得努力

雞絞肉

曲目三

**小祕訣**
如果你沒時間製作麵團，就買冷凍水餃皮來代替。

# 我的波隆那雞肉醬
## MY CHICKEN BOLOGNESE

4 人份

**68**

難易度：
易如反掌

**雞絞肉**

2 大匙老抽

3 大匙辣豆瓣醬

2 小匙韓式辣醬

2 小匙細砂糖

200 毫升水

2 大匙烏醋

3 大匙紹興酒

1 大匙番茄醬

1½ 大匙是拉差辣椒醬

150 毫升芥花油

200 克斑條培根，切成細丁或碎末

500 克雞絞肉

2 顆中等大小的洋蔥，切成細丁

2 瓣大蒜，切末

1 小匙太白粉

½ 小匙韓式辣椒粉或韓式辣椒片

1 小匙花椒粉

**搭配（可省略）**

雞蛋麵或義大利細麵，依照包裝上的指示烹煮

海苔絲

你喜歡的漬物（見第 170 ～ 177 頁）

這跟一般常見的波隆那肉醬完全不同，但卻是最好吃的四川口味燉肉醬。過去我們在奇肯薩爾餐廳裡，曾用這種燉肉醬創作出「中墨風」玉米片（見第 71 頁），當中結合了中菜與墨西哥菜的風味與口感，大家都很喜歡。如同任何一種燉肉醬，這道波隆那雞肉醬也需要花時間燉煮，不能急。事實上，最好是在吃的前一天就先煮好，靜置一晚讓所有味道能融為一體。

好吃的祕訣在於培根丁要慢煎，直到完全釋放出油脂、變得酥脆為止，再用鍋底的培根油炒洋蔥。如果煎培根的時間不夠，可能會導致肉醬嚐起來有點像熱狗的味道。這也不算什麼壞事，但把培根煎到香脆，效果還是會比較好。在這道食譜中，我用雞蛋麵代替義大利細麵來搭配肉醬。如果你喜歡，甚至可以在上面磨點帕馬森起司，或是以更罪惡的方式收尾 —— 在上面放兩片美國起司，等它們稍微融化，再撒點海苔絲，然後放上你喜歡的漬物做為配菜。

在一個碗裡加入醬油、辣豆瓣醬、糖、水、醋、紹興酒、番茄醬和是拉差辣椒醬，混合均勻，放在一旁備用。

用平底深鍋以中火熱油，接著加入培根，慢煎 3 ～ 4 分鐘，直到培根變得金黃酥脆為止。加入雞絞肉、洋蔥和大蒜，再炒 5 分鐘，直到洋蔥變軟為止。倒入剛才準備的醬料，煮至微滾，然後繼續燉 1.5 小時，使肉醬濃縮收汁。

撒上太白粉，攪拌使肉醬變得更濃稠。接著加入辣椒片與花椒粉，攪拌均勻。

# GOING GOING GONE

繼續、繼續、完食

70

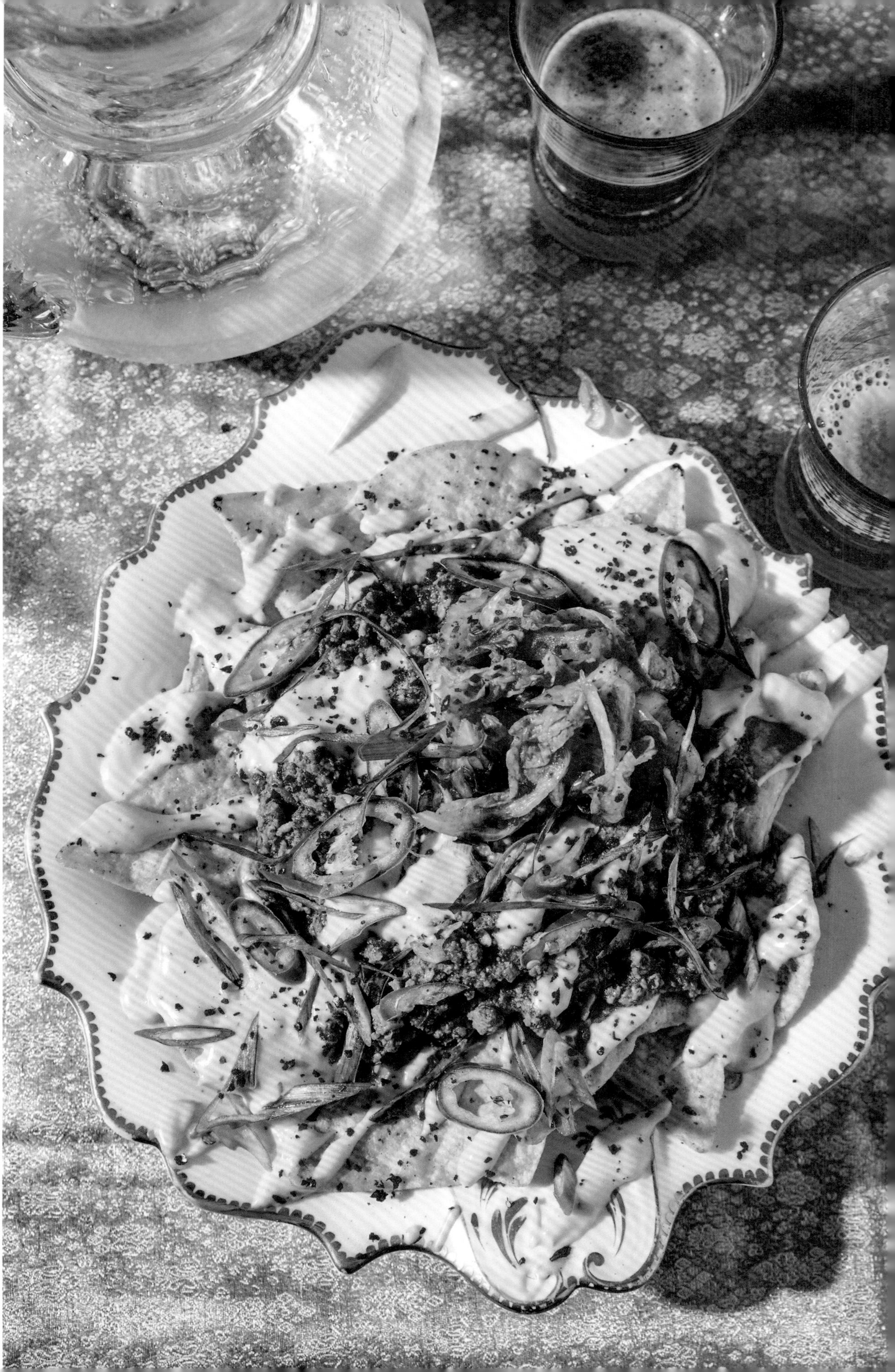

# 超無敵玉米片！
## INCREDIBLE SUPERIOR NACHOS!

1 大份

150 克我的波隆那雞肉醬（見第 68 頁）

75 克泡菜起司（見第 67 頁）

50 克原味墨西哥玉米片

25 克市售韓國泡菜，切碎

2 根青蔥，切成細蔥花

1 根長的青辣椒或 2 根新鮮的哈拉皮紐辣椒，切成薄片

1 撮韓式辣椒粉或韓式辣椒片（可省略）

難易度：
易如反掌

這本書中的波隆那雞肉醬食譜能變化出許多菜色，在此我用它創作這些無敵美味的玉米片。我們在奇肯薩爾餐廳也有供應這道小點，並出於明顯的理由將它取名為「中墨風」玉米片。只要將所有的材料都先準備好，組合時就會非常方便。你可以在製作書中的其他料理時，先把當中的相同材料冷凍一些起來，這樣等所有材料都齊全後，就可以做這道小點了。

這些玉米片辣中帶有濃郁的起司香，和一般的玉米片一樣，只是用不同的方式呈現。泡菜帶來了清新又獨特的酸辣味，但如果你不喜歡，也可以改用你之前可能已經做過的醋漬洋蔥（見第 175 頁）。現炸的墨西哥玉米片最好吃，但你也可以使用市售玉米片，只要在搭配其他材料前，再用烤箱加熱就行了，因為玉米片冷得非常快。辣椒就依你敢吃辣的程度來決定用量。不論在什麼場合，這些玉米片都很適合用來招待親人和朋友。

用兩個平底深鍋分別加熱肉醬和起司 5 分鐘，或加熱到醬完全變熱為止。

在一個大盤子上放一些玉米片，然後淋上一些起司醬 —— 注意在每片玉米片上要留點空間不要淋到，這樣才方便拿取。接著淋上波隆那雞肉醬。持續同樣的步驟，直到起司醬和肉醬用完為止。撒上大量的切碎泡菜、蔥花、新鮮辣椒與辣椒片。

趁熱立即上桌。

雞絞肉

曲目三

味蕾衝擊

# 螞蟻上樹
## ANTS CLIMBING A TREE NOODLES

4 人份

**72**

難易度：
易如反掌

400 克冬粉

6 大匙芥花油

4 大匙辣豆瓣醬

2 小匙辣椒粉

500 克雞絞肉

100 克較肥的斑條培根，切碎

4 小匙生薑細末

4 小匙紹興酒

2 小匙生抽

500 毫升熱水

4 小匙糖

1 小匙白胡椒粉

2 根青蔥，切成蔥花

4 瓣大蒜，切成細末

1 根新鮮的辣椒，切碎（可省略）

雞
絞
肉

告訴你一個好消息：這道菜裡面並沒有螞蟻。這是一道經典的四川麵食，傳統上會使用冬粉和豬絞肉，但我將豬絞肉換成雞絞肉。不知道你覺得有沒有道理，不過在螞蟻上樹中，冬粉代表的其實是樹枝，青蔥是樹葉，豬絞肉則是螞蟻。在此我除了使用雞絞肉外，還加了一些比較肥的斑條培根，因為豬絞肉的油脂較多，而雞絞肉若煮太久很容易變乾。

如同我在波隆那雞肉醬的食譜（見第 68 頁）中所提到的，培根最好要煎到焦糖化，味道才會更具深度。料理時，另外要注意冬粉很會吸汁，所以如果想要醬汁多一點，就再多加點水或雞高湯。這道料理不用花什麼時間就能煮好，只要先把適量的材料準備好就行了，因此是一道非常適合在工作後享用的療癒系麵食。

用一碗溫水浸泡冬粉 5 分鐘（或用冷水泡 10 分鐘），直到冬粉軟化為止。用流動的冷水沖洗後瀝乾，置於一旁備用。

用中式炒鍋以中大火熱油。加入辣豆瓣醬和辣椒粉，稍微炒一下，然後加入雞絞肉、培根、薑末、紹興酒和醬油，拌炒 8～10 分鐘，直到食材充分混合、雞肉呈現焦糖色為止。

將熱水倒入炒鍋內，再加入糖、白胡椒粉和冬粉。待冬粉吸收大部分的水分後，加入蔥花、蒜末和新鮮的辣椒（若使用的話）。繼續翻炒 30 秒，然後趁熱上桌。

# 進階版熱壓三明治
## NEXT LEVEL BREVILLE (GRILLED SANDWICH)

2 人份

**74**

難易度：
值得努力

雞
絞
肉

奶油，用來塗抹吐司

4 片帶邊的厚切白吐司或厚切布里歐

150 克我的波隆那雞肉醬（見第 68 頁）

100 克泡荚起司，冷卻後切片（見第 67 頁）

2 大匙醋漬洋蔥（見第 175 頁）

5 大匙藍莓海鮮醬（見第 40 頁）或市售海鮮醬

我很喜歡傳統的英國鉑富（Breville）三明治熱壓機，它讓我想到小時候常吃的起司焗豆三明治 —— 不過每個人喜歡的餡料可能都不同。有時我還是會做這種三明治來吃，完全吃不膩。我想藉由這道食譜，將熱壓三明治的概念提升到另一個層次，於是參考了「邋遢喬」[18]（Sloppy Joe）的風格，設計出充滿黏糊肉醬和香濃起司的三明治。所有的材料在這本書的其他食譜中都曾出現，因此你可以邊做邊把材料冷凍一些起來，等到要做這道三明治時，再把所有材料組合起來就行了。

由於餡料的味道非常濃郁，因此很適合用香甜的藍莓海鮮醬做為蘸醬，不過直接用一般的海鮮醬也很搭。你可以一次做好大量的醋漬洋蔥，並用來搭配任何食物。不用擔心放太久，因為這類醃漬的食物會隨著時間而變得更入味。但如果你沒時間製作，用市售的醃洋蔥也一樣可行。

開始製作三明治。將奶油塗抹在厚切麵包的外側表面，然後將它們放在砧板上，塗有奶油的那面朝下。將波隆那雞肉醬塗抹在麵包上，再擺上起司切片。將醋漬洋蔥放在最上面，然後放上另一片麵包，並將塗有奶油的那一面朝外。重複同樣的步驟，將剩下的麵包和材料組合成另一份三明治。

每一份三明治都用熱壓機加熱 3～4 分鐘，直到麵包變成金黃色、起司融化變得黏稠為止。也可以放在烤盤上，用中火烤到麵包酥脆金黃為止。上菜時，附上冰涼的藍莓海鮮醬做為蘸醬。

# 港點風甜椒鑲肉
## DIM SUM-STYLE STUFFED PEPPERS

做為開胃菜 4 人份

2 顆中等大小的甜椒（任何顏色或種類的甜椒都可以）

1 大匙玉米澱粉

芥花油，用來煎甜椒

約 3 大匙水

**蒜味豆豉醬**

1 大匙芥花油

1 大匙豆豉

1½ 大匙玉米澱粉

2 大匙冷水

2 瓣大蒜，切末

1½ 大匙蠔油

1 大匙醬油

¼ 小匙細砂糖或蜂蜜

1 大匙紹興酒

375 毫升水或高湯

**內餡**

300 克雞絞肉（大腿肉尤佳）

½ 小匙芝麻油

1 小匙醬油

¼ 小匙白胡椒粉

1 根青蔥，切末

1 大匙玉米澱粉

1 大匙芥花油

有一道傳統經典的鑲甜椒料理，名叫「皮埃蒙特烤甜椒」（Piedmontese peppers），我曾看過基斯 · 弗洛伊德 [19]（Keith Floyd）做這道菜，從那時起，我自己也做了許多次。這種烤甜椒的做法是用燙過的番茄、鯷魚和橄欖油做為甜椒內餡，然後放入烤箱，低溫慢烤到甜椒焦糖化，濃郁的甜味融合內餡的鹹味，非常好吃。

我想要創作一道適合分享的料理，可以當成大餐的一部分，或單獨做為一道開胃菜。因此，我採用相同的概念，在甜椒內鑲入調味過的雞絞肉和蒜味豆豉醬，當中蘊含的豐富鮮味和風味，發揮了和鯷魚一樣的作用。蒜味豆豉醬是一種濃稠、甘甜又可口的醬料，也很適合用來搭配炙烤雞肉，或做為任何一種麵食的基底醬。

開始製作蒜味豆豉醬。用流動的冷水輕輕沖洗豆豉數秒鐘，使其恢復水分，並去除一些鹽分。等豆豉變得比較軟後，用刀側或叉子壓平，然後放在一旁備用。

在一個小碗內混合玉米澱粉和水，直到充分融合為止，然後置於一旁備用。

用一個小湯鍋以中火熱油。待油變熱開始發亮後，加入大蒜和豆豉，炒一分鐘，或炒到大蒜變軟為止。除了玉米澱粉勾芡水外，將其他剩餘的豆豉醬材料加到鍋內，混合均勻，然後煮 5 分鐘，直到醬汁開始冒泡為止。接著攪拌一下勾芡水，以免玉米澱粉沉澱在碗底，然後倒入醬汁內，持續攪拌到變濃稠後，置於一旁備用。

開始製作內餡。將所有的材料放入碗內，用乾淨的手充分混合成肉泥。肉泥愈平滑愈好。然後置於一旁備用。

將甜椒翻轉過來，使底部朝上。你會看到 4 個凸塊。沿著凸塊之間的凹陷處，將甜椒切成 4 等分，然後把中間的芯、籽和內膜都去掉。接著切除頂端和尾端，使甜椒能平放在煎鍋上。以相同的步驟處理剩下的甜椒。

用一個小碗裝一些玉米澱粉，再將玉米澱粉抹在甜椒杯內側，然後填入內餡。注意不要填過量，因為甜椒杯愈深、內餡愈厚，就愈不容易煮熟。我習慣讓內餡不超過 2.5 公分厚，稍微比甜椒高 1～2 公釐即可。

用附蓋的煎鍋以中小火熱一點油。將甜椒放入鍋內，內餡的那面朝下，煎 3 分鐘，或煎到內餡變褐色為止。然後小心翼翼地將甜椒翻到另一面。加一點水到鍋內，蓋上蓋子。蒸 3～4 分鐘，直到水蒸發為止。如果你用的甜椒皮較薄、內餡較少，就可以省略蒸的步驟。打開蓋子，再煎 3 分鐘，或煎到甜椒皮顏色變深為止。

用小火加熱豆豉醬，然後用湯匙舀一些淋在鑲甜椒上，就能盛盤了。

雞易度：值得努力

雞絞肉

# 超級千層麵條搭配黑蒜麵包
## SUPER NOODLE LASAGNE
## WITH BLACK GARLIC BREAD

8 人份

4 包泡麵

500 克我的波隆那雞肉醬（見第 68 頁）

400 克泡菜起司（見第 67 頁）

100 克韓國泡菜

韓式辣椒粉或韓式辣椒片，用來裝飾（可省略）

**黑蒜麵包**

1 小匙烘烤過的蝦醬

1 根鳥眼辣椒，如果你想要可以去籽

1 整顆黑蒜頭或一般的蒜頭

1 大根香蕉蔥，切成細丁

1 小匙椰糖

2 大匙萊姆汁

250 克包裝的高品質無鹽奶油

1 大條高品質的長棍麵包

我超愛週六夜的千層麵。對我來說，在家吃千層麵一定要配大蒜麵包。我在這道食譜中，用到了書中介紹的波隆那雞肉醬和泡菜起司，所以等你製作過這些後，只需要把它們都組合在一起，就能完成這道千層麵。

我用泡麵麵條代替一般的千層麵皮，以增加一點趣味。另外，我也加了一層泡菜，為整道料理帶來獨特清新的酸辣味。當然，我也不想要做一般的大蒜麵包，所以選用了黑蒜做為材料 —— 上網或在大部分的高級熟食店裡都買得到。黑蒜在溫控環境中發酵，因而少了大蒜的辛辣，取而代之的是綿密的焦糖風味，能和我用來製作奶油抹醬的其他泰式食材完美融合。如果你沒辦法買到黑蒜，用一般的大蒜也沒問題。這是一道非常好玩又令人難忘的料理，只要試過，可能就再也不會想吃一般的千層麵了！

將烤箱預熱至攝氏 170 度。

按照包裝上的指示煮泡麵，然後靜置放涼。將波隆那雞肉醬與泡菜起司加入不同的平底深鍋內，分別加熱 5 分鐘，直到變得溫熱為止。將新鮮的韓國泡菜放入碗內，擠掉多餘的汁液。

開始製作千層麵。首先將鋪一層泡麵麵條在大烤盤的底部，再覆上一層波隆那雞肉醬。重複一樣的步驟，直到麵條與肉醬用完為止。要確保上面還留有一些空間。接著鋪上一層泡菜，再淋上起司醬。放入烤箱烤 30 ～ 40 分鐘，直到起司開始冒泡、有些地方變得焦黃為止。

在此同時，開始製作黑蒜麵包。除了長棍麵包外，將其他所有的材料都放入食物調理機內，打成質地滑順的黑蒜奶油。

在長棍麵包上每隔 1 公分切一道切口，但不要切到底。將黑蒜奶油填入各個切口內，盡可能填多一點。用鋁箔紙包住整條麵包，放進烤箱烤 15 ～ 20 分鐘，直到奶油融化滲入麵包內、麵包變得金黃酥脆為止。

如果你喜歡，可以撒一些辣椒片在千層麵上增加顏色。搭配黑蒜麵包上桌。

難易度：

易如反掌

雞絞肉

曲
目
三

超級千層麵條搭配黑蒜麵包

THIRG18

# 棒棒雞沙拉
## BANG BANG CHICKEN SALAD
## WITH CRISPY NOODLES

4 人份

難易度：
易如反掌

4 塊無骨雞大腿肉，帶皮

2 大匙芥花油

2 顆小寶石蘿蔓萵苣，將葉片分開

4 根西芹梗，削皮，斜切成薄片

1 把香菜葉，撕碎

2 顆青椒，切成細條

1 把墨西哥玉米片

切碎的市售烤花生，用來裝飾

**怪味醬**

6 大匙生抽

2 大匙中東芝麻醬（Tahini）

2 大匙高品質的顆粒花生醬

2 大匙中式烏醋（鎮江香醋）或紅酒醋

2 大匙芝麻油

4 小匙細砂糖

½ 小匙馬爾頓海鹽

6 大匙中式辣油

2 小根青蔥，切成細蔥花

2 大匙薑末

2 瓣大蒜，切末

1 小匙花椒，碾壓成粉

棒棒雞在傳統上是一道搭配辣花生芝麻醬的涼拌雞肉料理，屬於中國四川的街頭小吃。其做法是將雞肉煮得軟嫩，再用一根很重的木棒把肉捶鬆，以方便入味，因此才會取這個名字。不過好消息是，我省略了用棒子捶打的步驟！「怪味醬」的英文是 Strange flavour sauce 或 Odd flavour sauce，因為這些是最貼近中文原文的翻譯。但這種醬其實一點也不奇怪，反而超級美味，因為結合了花生醬的濃郁、芝麻醬的香甜，以及花椒的麻辣。

在這道食譜中，我用怪味醬創作一道新鮮爽脆的沙拉，並加入溫熱的香酥雞腿肉和辣花生芝麻油，和冰涼的沙拉形成對比，滋味非常美妙。墨西哥玉米片則讓鮮脆的口感變得更有層次，你可以選用任何你喜歡的口味。這是一道無敵美味又超級簡單的沙拉，可以一人獨享，也可以裝在大容量的餐碗裡，讓大家分食享用。

依照第 24 頁的指示，用鹽水醃漬雞肉 1 小時（可省略）。

在此同時，開始製作怪味醬。在一個碗內混合所有的材料，直到充分融合為止。置於一旁備用。

把油倒入冷鍋內，用最小的火加熱。加入雞肉煎 8 ～ 10 分鐘，或煎到雞皮變得金黃酥脆、肉幾乎熟透為止。翻面再煎 2 分鐘（如果你喜歡，也可以用中火炙烤或水煮雞肉）。

開始製作沙拉。將雞肉切片，然後和萵苣葉、西芹片、青椒絲和撕碎的香菜葉一起放入大碗內。用湯匙舀怪味醬淋在沙拉上，然後充分混合，使所有的食材都蘸附上醬汁。

在最後一刻加入全部的玉米片，再次混合。將沙拉分成 4 碗，上面灑些烤花生做為裝飾。

雞大腿

美味狙擊

曲目四

# 65 辣雞
## CHICKEN 65

2 ～ 4 人份

難易度：
值得努力

雞
大
腿

4 大塊雞大腿肉，帶皮（非必要）
1.5 公升芥花油，用來炸雞

**辣醬**
30 克香菜籽
1 ～ 2 大匙孜然籽
1 小匙黑胡椒粒
1 小匙整粒的丁香
2 大匙薑粉
1 ～ 2 小匙大蒜粉
2 小匙肉荳蔻粉
2 大匙胡蘆巴葉
2 顆黑荳蔻莢
1 枝肉桂棒
4 ～ 5 片肉荳蔻皮
2 大匙克什米爾紅辣椒粉
1 小匙薑黃粉
1 小匙印度芒果粉（Amchoor powder）
¼ 小匙紅色食用色素（可省略）
1 小匙細砂糖
½ 小匙鹽

**蒜薑泥**
25 克蒜瓣，去皮
25 克生薑，去皮

**速成蘸醬**
2 小匙市售薄荷醬
4 大匙原味優格

**麵糊**
1 大顆蛋
120 毫升全脂牛奶

**乾粉**
200 克在來米粉
100 克玉米澱粉
1 撮鹽
1 撮粗粒黑胡椒粉

**裝飾**
1 大匙芥花油
1 小匙黑芥末籽
1 小匙孜然籽
20 片新鮮的咖哩葉
6 根完整的青辣椒
12 瓣大蒜，切成細蒜片
10 公分長的生薑，去皮，切絲
4 根青蔥，切段

65 辣雞是南印度的經典料理，在 1965 年時由印度清奈（Chennai）知名的布哈里餐廳（Buhari）所創。其名稱由來有眾多說法，其中一個是因為這道料理是用 65 塊雞肉和 65 種食材製作而成。另一個說法則是布哈里餐廳的菜單，是以南印度的坦米爾語（Tamil）寫成，北印度的軍人看不懂，於是就按照菜單上的編號點餐，而當時這道料理是 65 號。

多年來，這家餐廳在菜單上又新增了 75、82 和 90 辣雞。這道料理使用的食材確實很多，但絕對值得花時間和心力好好製作。這是會讓你意猶未盡、難以忘懷的好滋味，很適合當成點心和朋友分享，或是搭配我的偷吃步薄荷優格醬（1 小匙市售薄荷醬混合 4 大匙原味濃優格），就能做為印度大餐的其中一道菜。

按照第 24 頁的指示，用鹽水醃漬雞大腿肉 1 小時，然後用紙巾拍乾（可省略）。

開始製作辣醬。將所有的整粒香料放入無油煎鍋中，以中火烘烤1～2分鐘。放涼後，將這些香料和其餘的材料一起放入小型食物調理機攪打。將打好的辣醬放入密封罐裡，可存放長達 3 個月。

接著製作蒜薑泥。用小型食物調理機將大蒜和薑打成泥，置於一旁備用。

準備製作醃料。在一個小碗內混合 4 大匙辣醬和 2 大匙蒜薑泥，然後置於一旁備用。

將鹽漬雞肉切成 5 公分厚，然後放入一個淺碗內，用醃料塗抹表面。用保鮮膜包好，放入冰箱醃 24 小時。

準備料理前，先製作速成蘸醬。在一個小碗內混合所有材料，然後用保鮮膜包好，放入冰箱靜置，直到料理完成時再拿出來使用。

開始製作麵糊。在一個碗裡打蛋和牛奶，直到充分混合為止。放在一旁備用。

接著準備乾粉。在一個中等大小的碗裡放入所有材料，用攪拌器混合。

將雞肉塊浸入麵糊裡，然後再蘸乾粉，使粉均勻附著表面。

把油倒入油炸鍋或大的平底深鍋內，加熱到攝氏 160 度，或是丟一塊麵包屑進去，在 30 秒內嘶嘶作響即可。開始炸雞塊，需要的話可以分批。炸 7～8 分鐘，或炸到肉熟透為止。炸好取出後，放在紙巾上瀝油。

開始準備裝飾用的材料。用煎鍋以中火加熱 1 大匙油。加入芥末籽和孜然籽煎 30 秒，直到開始發出爆裂聲為止。接著加入青蔥以外的所有剩餘材料，炒 1 分鐘後，置於一旁備用。

將炸好的雞塊堆放在溫熱的餐盤上，用大量的辣醬再次調味，然後撒上所有裝飾用的材料和青蔥。搭配蘸醬上桌。

雞大腿

曲目四

86

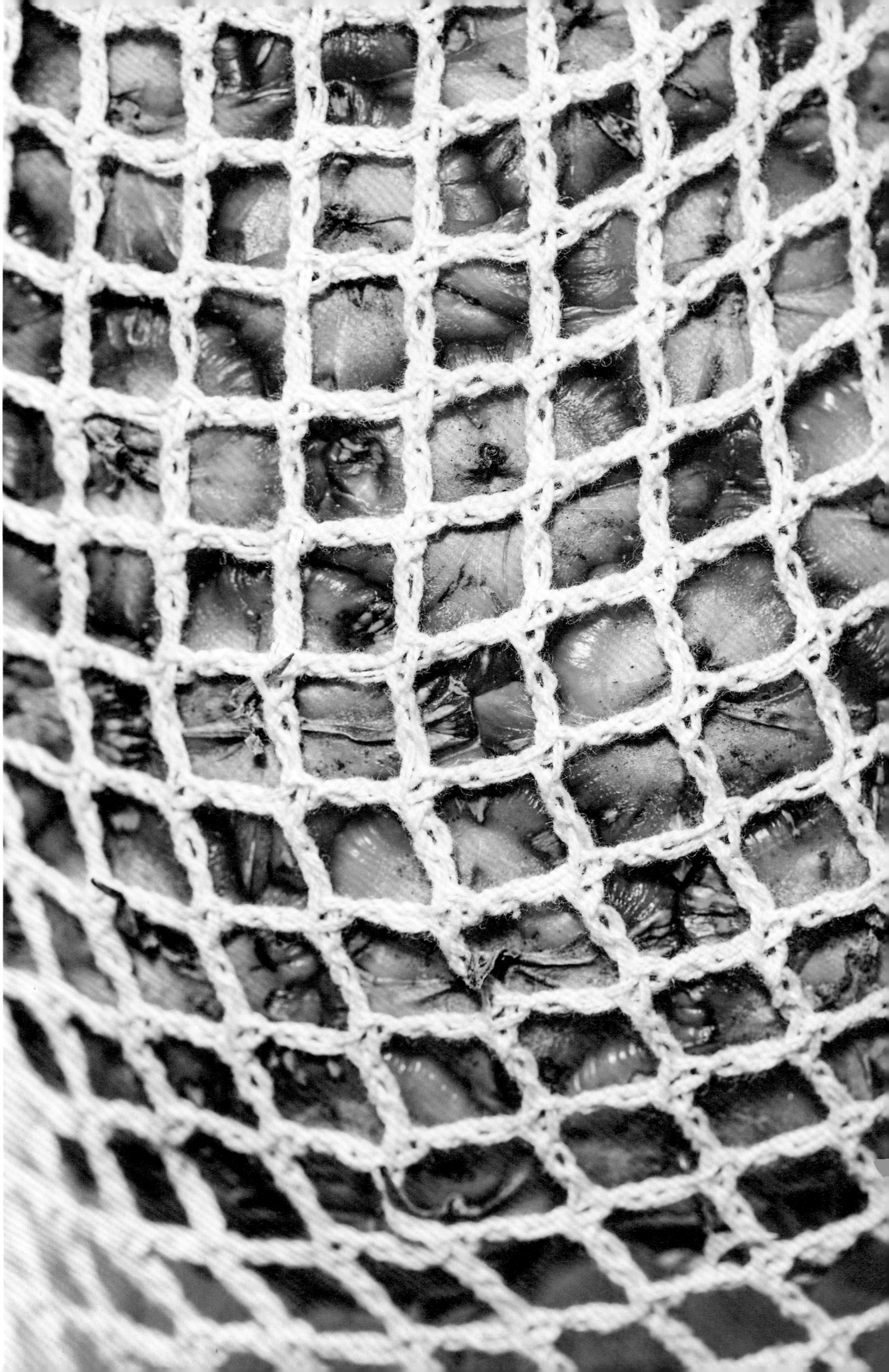

65
辣
雞

# 沙威瑪雞肉塔可佐綠番茄莎莎醬
## CHICKEN EL PASTOR
## WITH TOMATILLO SALSA

4 人份

難易度：
值得努力

雞
大
腿

4 塊無骨雞大腿肉，帶皮

8 片墨西哥玉米餅

½ 顆鳳梨，去皮去芯後，切成 5 公
釐小丁

1 把香菜，切碎

½ 顆紅洋蔥，切成細丁

萊姆角，用來搭配

### 雞肉醃料

½ 小匙黑胡椒粒

1 枝肉桂棒

3 顆丁香

1 大匙孜然籽

4 根乾燥的瓜希柳辣椒（Guajillo
chili），撕開，去籽

4 根安丘辣椒（Ancho chili）或奇波雷
煙燻辣椒（Chipotle chili），撕開，去
籽

4 瓣大蒜，去皮

2 大匙胭脂樹紅醬（Achiote paste）

100 毫升鳳梨汁

100 毫升柳橙汁

½ 顆洋蔥，切成小塊

3 大匙蘋果醋

1 大匙乾燥的奧勒岡葉

### 炭燒綠番茄莎莎醬

500 克新鮮或罐裝的墨西哥綠番茄
（Tomatillo）[20]

1 顆洋蔥，切成 5 公釐寬的洋蔥圈

8 瓣大蒜

1 根哈拉皮紐辣椒

芥花油或橄欖油，用來塗抹

1 把香菜莖和葉，切碎

3 顆分量的萊姆汁

1 小匙馬爾頓海鹽

「牧羊人塔可」（Tacos Al Pastor）是 1930 年代由墨西哥的黎巴嫩
移民所發明的一道小吃。他們將沙威瑪引進墨西哥，用一根垂直擺
放的鐵棒烘烤層層堆疊的羊肉片，然後把肉削下來，包在玉米餅或
皮塔餅內。多年來，這道小吃逐漸演變成將醃過的豬肉片和鳳梨串
上鐵棒烘烤，然後搭配新鮮的玉米餅，在墨西哥各地的街頭販賣。
這道食譜裡使用的墨西哥產辣椒能在網路上買到，所以不要因為這
些食材而卻步。

小祕訣
可上網或在專門的食品雜貨店，買
到胭脂樹紅醬與墨西哥綠番茄 [21]。

**墨西哥綠番茄外面有一層薄殼，果實是漂亮的鮮綠色。燒烤後的綠番茄會讓莎莎醬帶有焦香後韻，而鳳梨則具有畫龍點睛的作用，能在最後為整道料理增添果香。如果你沒辦法買到新鮮的綠番茄，就用罐裝的，只要記得把水瀝掉和用紙巾拍乾就行了。**

依照第 24 頁的步驟，用鹽水醃漬雞肉 1 小時（可省略）。

開始製作醃料。用中火加熱無油的煎鍋。加入胡椒粒、肉桂棒、丁香與孜然籽，烘烤 3 分鐘，或烤到香味開始釋出為止。將這些香料移到研磨缽或香料研磨罐內，研磨成粉。

用同一個無油煎鍋烘烤辣椒 2 分鐘，或烤到辣椒開始冒煙為止。接著將辣椒移到一個碗內，用冷水浸泡約 20 分鐘，使其軟化。把辣椒的水瀝乾，然後和所有其他的材料一起放入食物處理機內，打成滑順的泥狀。

把雞肉放在一個碗內，加入醃料，然後用保鮮膜包好，放入冰箱醃 6 小時。若能醃一整夜更好。

在此同時，開始製作莎莎醬。將燒烤爐預熱至高溫。用一點油塗抹綠番茄、洋蔥、蒜瓣和哈拉皮紐辣椒，然後放到燒烤爐上烤到焦黑。不要只是邊緣微焦，要烤到非常焦才行。把哈拉皮紐辣椒的籽去掉，然後用輕壓的方式讓蒜瓣從蒜皮中彈出。這時辣椒和大蒜應該都變得非常柔軟。

把去籽辣椒和去皮蒜瓣連同烤焦的洋蔥、香菜莖、萊姆汁，一起放入食物調理機打成泥。需要的話可加一點油。把綠番茄切成小塊，然後和打好的泥、香菜葉一起混合。用鹽巴調味，需要的話可再加更多萊姆汁。置於一旁備用。

準備料理雞肉。用中大火加熱中型煎鍋。將雞肉從醃料中取出，帶皮的那面朝下，放入熱鍋中煎 8 分鐘，或煎到皮變金黃酥脆為止。在最後一分鐘翻面，把肉煎到全熟。你也可以改用中溫的燒烤爐烤雞肉，帶皮的那面要朝上。完成後置於一旁備用。

開始製作塔可。用中火加熱無油煎鍋。在玉米餅上灑一點水，然後分批放入煎鍋內，每面煎 30 秒。用茶巾包覆溫熱的玉米餅，以幫助保溫。

在每個溫熱的餐盤上疊放兩張玉米餅。將雞腿肉切片並疊在玉米餅上，然後舀一些莎莎醬淋在雞肉上。

在另一個碗內，混合鳳梨、切碎的香菜和紅洋蔥丁，然後舀一些放在塔可的最上面。在塔可旁邊放一個萊姆角，趁溫熱時上菜。

雞大腿

# 南洋叻沙雞肉麵
## CHICKEN LAKSA

4 人份

難易度：
還算輕鬆

雞
大
腿

60 克日式麵包粉

40 克中筋麵粉

1 顆蛋

4 大塊的無骨雞大腿肉，敲打成 2 公釐的薄片。

400 毫升植物油，用來煎炸

150 克福建麵，依照包裝上的指示烹煮

160 克壓碎的烤腰果，用來搭配

**叻沙醬**

1 顆中等大小的洋蔥，切塊

10 克蝦醬

¼ 小匙辣椒片

2 公分南薑，去皮，切塊

6 瓣大蒜，切塊

5 根香茅莖，去除粗硬的外層，切段

25 克腰果

1 大撮香菜籽粉

1 大撮孜然粉

1 大撮薑黃粉

1 小撮甜紅椒粉

3 克鹽

**湯**

1 大匙植物油

400 毫升水

800 毫升椰奶

20 克椰糖

2 大匙魚露

5 片卡菲爾萊姆葉

1 顆分量的萊姆汁

**配料**

20 克小黃瓜，切成粗條

15 克紅洋蔥，切成薄片

20 克豆芽

叻沙是一種在馬來西亞很受歡迎的辣湯麵，通常會使用較粗的小麥麵條，不過有時也會用米粉來煮。這是一道吃了會感到滿足暢快的美食，能讓你每次都回味無窮。叻沙的辣醬需要花一些時間準備，因此我簡化了步驟，讓這道食譜變得更簡單，但成果保證值回票價。

湯頭的製作分成兩部分，首先要調配辣醬，接著再加入椰奶和所有其他的調味料。美味的祕訣在於辣醬要用小火煮到顏色變深褐、開始出油為止。如果辣醬的風味沒有煮到完全釋出，湯頭就會缺乏深度，香料也可能會有生澀味。叻沙上面放了清新的小黃瓜條、紅洋蔥片和豆芽，而裹粉油炸的雞腿肉則增添了酥脆的口感。

在做這道料理時，記得要慢慢來，確實按照指示去做。等煮過幾次後，動作就會變得更迅速熟練了。你也可以多做一點辣醬，然後保留一些，等下次煮叻沙時再用。冷藏可保存兩週，冷凍的話更久。

開始製作叻沙醬。將所有材料放入攪拌機內，打成滑順的醬。放在一旁備用。

接著開始製作湯頭。用大的平底深鍋以中火熱油。加入叻沙醬，邊炒邊攪拌 10 ～ 15 分鐘，直到醬焦糖化釋放香味為止。注意醬不要燒焦。加入水、椰奶、糖、魚露和萊姆葉，煮至微滾後，轉小火煮 5 分鐘。將鍋子移離爐架。

在一個淺碗內放入日式麵包粉、第二個碗內放入麵粉、第三個碗內打蛋。先用雞肉蘸麵粉，甩掉多餘的量後，再浸蛋液，最後裹上麵包粉，使其均勻包覆雞肉表面。

用大的煎鍋以中火熱油。加入雞肉，每面煎炸 4 分鐘，直到肉變金黃熟透為止。從鍋中取出雞肉切片。

準備上菜。加熱麵條。把湯煮至微滾，然後加入萊姆汁。將麵和湯移到溫熱的深碗內，加入雞肉片和所有配料，再撒上壓碎的腰果。

# 咖啡乾醃「紅眼」雞腿排
## COFFEE-RUBBED 'RED EYE' CHICKEN THIGHS

4 人份

4 塊帶骨雞大腿，帶皮

**咖啡醃料**

½ 大匙高品質的咖啡粉（中研磨）

½ 大匙大蒜粉（不是大蒜鹽）

½ 大匙洋蔥粉

½ 大匙紅椒粉

¾ 小匙孜然粉

½ 小匙馬德拉斯咖哩粉（Madras Curry Powder，見第 116 頁）

½ 大匙卡宴辣椒粉（非必要，喜歡辣的人可以加）

**蜂蜜奶油淋醬**

1½ 大匙無鹽奶油

1 大匙蜂蜜

½ 小匙生抽

**紅眼蛋黃醬**

60 克咖啡豆

340 毫升芥花油

115 克蒜瓣，去皮

2 顆蛋

100 毫升濃縮咖啡

1 大匙紅糖

1 小匙鹽

1 小撮卡宴辣椒粉

紅眼肉汁源自美國南部，通常是用那個地區的鄉村火腿製成，做法是用烤火腿時，滴下來的油脂混合咖啡。在路易斯安納州，當地人是用烤牛肉的肉汁來製作，並以菊苣代替咖啡。我知道這聽起來有點怪，但我保證很搭，所以不要因此退縮。

甜中帶點鹹的蜂蜜奶油在所有醃料香料的襯托下，味道非常美妙。咖啡在這裡並不是主要的風味來源，只是用來增添後韻，讓整體的味道層次變得很有趣。這真的是一道簡單又迅速的料理，你可以將剩下的香料應用在多種食材上，例如灑在番薯角上，或是為搭配薯條的蛋黃醬調味。

按照第 24 頁的指示，用鹽水醃漬雞肉 1 小時（可省略）。

開始製作咖啡醃料。將所有材料放入碗內混合，置於一旁備用。

接著製作蜂蜜奶油淋醬。用一個小湯鍋或微波爐加熱融化奶油。若使用微波爐，以分次加熱的方式，每次加熱 15 秒，這樣奶油才不會四處噴濺。一旦奶油融化或變軟，就加入蜂蜜和醬油混合均勻，然後置於一旁備用。

將烤箱預熱到攝氏 180 度。

從鹽水中取出雞大腿肉，用紙巾拍乾。將咖啡醃料抹在雞肉表面，然後把雞肉放在適用於烤箱的烤盤上，放入烤箱烤約 40 分鐘後取出，用刷子把淋醬塗在雞肉上。如果奶油和醬分離了，就用叉子再攪拌一下，讓醬恢復成融合的狀態，但不需要到很滑順。

將雞肉放回烤箱再烤 15 分鐘，或烤到肉熟透為止，過程中每 5 分鐘左右要塗一次淋醬。一旦雞肉烤好，就從烤箱中取出，放在立於盤子或烤盤內的網架上，然後把剩下的淋醬倒上去。

開始製作紅眼蛋黃醬。將咖啡豆和芥花油倒入攪拌機中，打到質地滑順，然後用細孔篩網過篩。有些小顆粒會通過細孔，但沒關係。將篩好的咖啡油倒入平底深鍋中，加入蒜瓣，以油封的方式用小火慢慢煮到大蒜變軟，大約要煮 15 分鐘。將鍋子移離爐架，靜置到完全冷卻。

把蛋放入小平底深鍋中，加入淹過蛋 2.5 公分的水。用中火煮滾後，再煮 3 分鐘，然後把水瀝掉，把蛋放在流動的冷水下沖涼。

等蛋冷卻後，剝掉蛋殼，然後把蛋放進攪拌機內，和濃縮咖啡、紅糖、鹽、卡宴辣椒粉一起打成泥狀，要打到質地變得非常滑順。在攪打的過程中，慢慢倒入咖啡油和油封大蒜，使油水充分乳化。

將完成的蛋黃醬舀入餐碗內，然後取一大匙醬搭配烤雞大腿，一起享用。

雞
大
腿

難易度：
還算輕鬆

# 曼谷塔可佐甜辣醬、泰式香草與油蔥酥
## BANGKOK TACOS WITH CHILLI JAM,
## THAI HERBS AND CRISPY SHIZZLE

4 人份

難易度：
值得努力

8 塊無骨雞大腿肉，帶皮

30 毫升植物油

1 束泰國羅勒，撕碎

1 束香菜，撕碎

200 克克索弗雷斯可起司 [22]（Queso fresco cheese）或味道非常溫和的菲達起司（Feta）

3 大匙市售油蔥酥，用來點綴

12 片藍或白玉米餅，用來包餡料

### 醃料

2 大匙泰式魚露

2 大匙泰式生抽

½ 小匙砂糖

¼ 小匙黑胡椒粉

2 大匙水

**雞大腿**

### 甜辣醬

約 200 毫升芥花油，用來煎雞肉

60 克蒜瓣，切成薄片

80 克紅蔥頭，切成薄片

20 克蝦米

30 克乾燥的紅辣椒，去籽

20 克泰式蝦醬

190 克椰糖，切成小塊

4 大匙羅望子果肉

4 大匙魚露

240 毫升水

120 毫升植物油

最近我和我的朋友丹（Dan）走訪泰國清邁時，他帶我去一間隱藏在巷弄裡的泰式烤雞（Gai yang）專賣店。我在那裡吃到最美味、酥脆又多汁的烤雞後，我開始思考要如何運用這道傳統料理，創作出一點不同的東西。於是我想到了墨西哥塔可 —— 超級酥脆的雞肉和柔軟溫熱、形成強烈對比的玉米餅，一定會很搭。

甜辣醬需要花一點工夫製作，但很值得。你可以把它當成調味料，加在任何其他你喜歡的食物上，用來增添甜味、些許獨特的酸味和辣味。油蔥酥和新鮮的香草則能帶來爽脆口感。克索弗雷斯可起司是一種新鮮的墨西哥起司，但並不好找，所以如果你喜歡，也可以選一種味道溫和的菲達起司來代替，為完成的塔可再增加一些酸度和濃郁的奶香。務必記得要在加熱玉米餅前，先在上面灑點水，並在加熱後，以微濕的茶巾（棉質餐巾）覆蓋，以免玉米餅乾掉。

按照第 24 頁的步驟，用鹽水醃漬雞肉（可省略）。

開始製作醃料。在一個小碗內攪拌所有的材料，直到糖充分溶解為止。加入雞大腿肉，不用加蓋，直接放入冰箱醃約 2 小時，使雞皮風乾。

準備製作甜辣醬。用油炸鍋或大的平底深鍋以中火熱油，使油溫達到攝氏 180 度，或是丟一塊麵包屑進去，在 30 秒內嘶嘶作響即可。將大蒜和紅蔥頭薄片分開油炸 1～2 分鐘，或是炸到金黃酥脆為止。從鍋中取出，放在一旁備用。

以相同的步驟炸蝦米，然後置於一旁備用。

將乾燥的紅辣椒放入無油的煎鍋中，用中小火烘烤 1 分鐘，或烤到酥脆，但不要讓它們焦掉。

將大蒜、紅蔥頭、蝦米和辣椒移到花崗岩研磨缽或食物調理機內，搗碎或研磨成質地細緻的泥狀，然後連同剩餘的甜辣醬材料和植物油，一起放入寬淺的平底深鍋內。用中火煮 15 分鐘，或煮到所有材料都溶解、變成黏稠糊狀的醬為止，過程中偶爾要攪拌。將鍋子移離爐架，靜置使甜辣醬完全冷卻。

開始料理雞大腿肉。將油倒入煎鍋中，先不要開火，然後把雞大腿肉放入油裡，帶皮的那面朝下。接著把火開到最小，煎 8～10 分鐘，或煎到肉幾乎全熟、皮變得非常酥脆為止。翻面再煎 2～3 分鐘，然後靜置一旁稍微放涼。

準備製作塔可。用一點水把玉米餅沾濕，然後用無油的不沾鍋加熱。從鍋中取出玉米餅，以乾淨的茶巾覆蓋保溫。將雞大腿肉切片後，在每一塊玉米餅上都放一片肉。放一匙甜辣醬在上面，再加入香草。將大約 20 克起司捏碎加在上面，最後撒上油蔥酥，即可上菜。

# 無敵美味雞湯麵
## SUPERIOR CHICKEN NOODLE STEW

4～6 人份

雞大腿

2 大匙芥花油
8 塊帶骨雞大腿肉，帶皮
馬爾頓海鹽
蒸好的白飯，用來搭配

**雞湯麵**
100 克午餐肉（Spam），切成薄片
2 大條法蘭克福香腸，切成薄片
100 克醃燻百頁豆腐（可省略）
125 克秀珍菇，縱切成薄片
125 克香菇蕈傘，切成薄片
100 克韓國泡菜
2 公升雞高湯（見第 146 頁）
1 袋即食拉麵
6 根青蔥，斜切成薄片
4 片美國起司
2 片烤海苔，切成細絲（可省略）

**醬汁**
2 大匙韓式辣椒粉或韓式辣椒片
2 大匙味醂
1 大匙醬油
1 大匙蒜末
½ 大匙細砂糖
½ 大匙韓式辣醬
少許現磨黑胡椒粉

這道雞湯麵來自韓國，而且起源時間是在韓戰之後。當時許多韓國人都因缺乏食物而餓死，於是人們從美軍基地偷帶食物出來，然後當地的韓國人再加入他們自己的食材和辛香料，和午餐肉、熱狗等加工肉品一起煮。他們將任何可取得的剩餘食材，全都丟進一個大鍋子裡，煮出美味又滿足人心的一餐。這道料理是在非常艱困的時期、出自生活所需而誕生的產物。東西方風味的瘋狂組合既複雜卻又平衡，最重要的是，成品超級好吃。

在這道食譜中，我加入了即食拉麵以增加口感。另外，我也使用秀珍菇與香菇，但若使用一般的蘑菇也可以，若能改用飽滿的波特菇（Portobello mushrooms）更好。如果你不喜歡午餐肉，也可以用任何你喜歡的東西來代替，不過午餐肉確實能為整道料理帶來獨特風味，因為它具有豐富的油脂。事實上，你也可以把任何你喜歡的剩餘食材加進去煮，味道還是會很讚。這是一鍋到底的美味料理，你可以直接放在桌上，讓大家自己開動。做做看吧，我保證滋味會令你難忘。

在一個小碗內混合所有醬汁材料，然後置於一旁備用。

用一點鹽為雞大腿肉的雞皮那面調味。用燉鍋（鑄鐵荷蘭鍋）以小火熱油，接著放入雞大腿肉，帶皮的那面朝下，慢煎 8 分鐘，直到雞皮轉為金黃色為止。不要翻面，直接將鍋子移離爐架。

除了拉麵、青蔥、起司和海苔外，將其他主要的雞湯麵材料，以繞圓交疊的方式，放入較淺的燉鍋中。朝燉鍋的中央加入醬汁，然後在燉鍋的角落倒入高湯。蓋上蓋子，用中大火煮至微滾，然後將火轉小，煮約 8 分鐘。取下蓋子，加入拉麵和青蔥繼續煮滾 2～3 分鐘，直到麵煮熟為止。

最後放上起司片和海苔絲，就能搭配白飯或任何你喜歡的配菜一起享用了。

# 越式肯瓊濃湯
## VIET-CAJUN GUMBO

4 人份

1 大匙植物油

4 塊去皮無骨雞大腿肉，每塊切成 4 份

3 條法蘭克福香腸，切片

100 克已煮好的粄條或年糕

**辣味奶油醬**

60 克無鹽奶油

1 根香茅莖，切碎

3 瓣大蒜，切末

½ 小匙卡宴辣椒粉

1 大匙萊姆汁

**肯瓊香料**

4 小匙大蒜粉

2 小匙乾燥的奧勒岡葉

1 大匙紅椒粉

½ 小匙煙燻紅椒粉

1 小匙馬爾頓海鹽

2 小匙現磨黑胡椒粉

2 小匙卡宴辣椒粉

2 小匙乾燥的百里香

2 小匙洋蔥粉

**加味高湯**

250 毫升雞高湯

2 大匙肯瓊香料

2 大匙魚露

2 根香茅莖，拍扁

10 克椰糖

5 瓣大蒜，帶皮，拍扁

**裝飾**

1 把切碎的香菜

1 把撕碎的越南薄荷

1 顆分量的萊姆汁

3 根青蔥，切成蔥花

我一開始想到要設計這道食譜，是因為讀到一篇很有趣的文章，當中提到美國的越南移民第二代，數年前開始在休士頓、德州和路易西安那州開餐廳，並結合當地的肯瓊（Cajun）飲食文化，在料理中加入螯蝦和肯瓊香料，與越南風味融合在一起。從那時起，越南式肯瓊料理就開始蔚為風潮。

我最初在電視節目【星期六廚房】上，創作我的秋葵濃湯時，加入了各式各樣的新鮮海鮮。但後來我做了一些調整，因為我發現雞肉和這道料理非常搭。另外，我也改用熱狗取代肯瓊料理中具有煙燻香味的辣燻腸（Andouille sausage），並加入韓式年糕或粄條，以增加口感。喜歡的話，你甚至可以丟一些大蝦子進去煮。

肯瓊香料很值得花工夫自己調配，因為大部分的市售肯瓊香料品質都不是很好，味道可能不太新鮮。你會發現這道食譜受到越南料理的影響，因為我在裡面使用了香茅莖、魚露和椰糖。微滾冒泡、帶點焦黃的辣味奶油醬會在最後倒入濃湯中，為整道料理帶來香濃的堅果風味。你需要準備很多酥脆的麵包，用來把這道美味的濃湯抹得一乾二淨。

開始製作奶油醬。軟化奶油，和剩餘的材料一起在碗裡混合。置於一旁備用。

接著製作肯瓊香料。將所有材料放入香料研磨罐內磨成粉。置於一旁備用。

準備製作加味高湯。將所有材料加入大的平底深鍋內，煮至微滾。用小火煮 30 分鐘，使味道充分融入。過濾高湯，置於一旁備用。

用深的煎鍋熱油，開始煎雞大腿肉 3～4 分鐘，使表面上色。接著加入熱狗切片，再煎 1～2 分鐘。倒入加味高湯，繼續煮 8 分鐘。在此同時，用另一個平底鍋加熱融化奶油醬，直到開始冒泡為止。接著將奶油醬和肯瓊香料一起加入煎鍋內。

在最後的 3 分鐘，將已煮好的粄條或韓式年糕加入鍋中加熱。將完成的濃湯倒入大餐碗內，以香菜、越南薄荷、一點萊姆汁和蔥花裝飾。

難易度：
還算輕鬆

雞
大
腿

# 迪斯可小酒館原創炸雞堡
## THE ORIGINAL DISCO BISTRO
## FRIED CHICKEN SANDWICH

1 人份

難易度：
值得努力

雞
大
腿

4 塊無骨雞大腿肉，帶皮

約 2 公斤植物油，用來炸雞

2 顆非常熟的酪梨

2 顆分量的萊姆汁

1 大匙切碎的香菜

馬爾頓海鹽和現磨黑胡椒粉

8 片乾醃斑條培根

4 個烤過的布里歐麵包或馬鈴薯軟
餐包

融化的奶油，用來刷麵包

100 克派特大廚辣醬（見第 128 頁）

4 片美國起司

2 大匙醋漬洋蔥（見第 175 頁）

2 大匙日本丘比美乃滋

### 白脫牛奶醃漬

500 毫升白脫牛奶 [23]（Buttermilk）

1 小匙鹽

¼ 小匙味精（可省略）

### 麵糊

1 大顆蛋

120 毫升牛奶

### 裹粉

60 克中筋麵粉

75 克在來米粉，或乾燥的米，並用
香料研磨罐磨成細粉

30 克玉米澱粉

1 小匙鹽

¼ 小匙粗粒黑胡椒粉

數年前，我開了一間為期六個月的快閃餐廳：迪斯可小酒館。位於倫敦聖保羅大教堂附近的一家老酒吧樓上。那是很有趣的餐廳，也引起了不小的轟動。而我在那裡展開了畢生追求完美炸雞的旅程，迄今，我還是持續嘗試與精進。我和我的朋友派特與葛林研發出超級酥脆的炸雞麵衣，讓炸雞在一小時後還能保持香脆。我們至今在奇肯薩爾與奇肯速食，使用相同麵衣，不過多年來，配方持續都有稍作修改，以求盡善盡美。

我顯然無法提供完全相同的食譜，因為只有我和上校 [24]（The Colonel）知道祕訣。不過在食譜中，有個步驟能使炸雞變得相當酥脆。派特設計一款辣醬，我們將它命名為「派特大廚辣醬」。派特會告訴你每兩天就要製作上百份辣醬有多吃力，但這些努力絕對值得。我們花了不少時間研究二次油炸的技巧，發現這種方法最能炸出口感絕妙、麵衣酥脆的炸雞。最後終於創作出夢想中的炸雞堡，每一層都是不同的好滋味。一個好吃的炸雞堡應有的條件，它全都具備 —— 香酥的炸雞、烤過的溫熱奶油餐包、火熱的辣醬、涼爽的酪梨、爽脆的萵苣，再加上醋漬洋蔥帶來的清爽酸味。

準備用白脫牛奶醃漬雞肉。在一個淺碗裡，將所有的材料攪打在一起。加入雞大腿肉，再用保鮮膜包好，放入冰箱冷藏 12 ～ 24 小時。隔天，開始製作麵糊。在一個碗裡打蛋和牛奶，直到融合為止。置於一旁備用。接著準備裹粉。將所有材料放入一個中型的碗裡，用攪拌器混合。

將雞大腿肉從醃料中取出，甩掉多餘的白脫牛奶。將雞大腿肉輕輕蘸上裹粉，然後浸到麵糊裡。將雞大腿肉再次放回裹粉上，然後用手把粉撒到雞肉上，讓麵衣變得更有層次感，幾乎像是黏著早餐玉米片一樣。

把油倒入油炸鍋或較大、較深的平底深鍋內，加熱到攝氏 140 度，或是丟一塊麵包屑進去，在 40 秒內嘶嘶作響即可。以兩塊雞大腿肉為一組，一次炸 7 分鐘，炸好後取出靜置一旁。

將溫度提升到攝氏 180 度，或是丟一塊麵包屑進去，在 30 秒內嘶嘶作響即可。再次油炸雞肉 3 ～ 4 分鐘，直到肉變成金黃色且熟透為止。從鍋中取出，放在紙巾上瀝油。

開始組合炸雞堡。將酪梨剖開，用湯匙取出果肉，放入碗內。加入萊姆汁和香菜，用黑胡椒和鹽調味，然後混合在一起。

將燒烤爐預熱到中溫。將培根烤到你喜歡的程度。將餐包切成兩半，每一半都刷上融化的奶油，然後用燒烤爐或面朝下放在無油的熱煎鍋內，烤 2 分鐘。將一些酪梨醬塗抹在每份漢堡的底層麵包上，然後放上炸雞。舀一些辣醬（不用客氣）淋在雞肉上，再放上起司片和 2 片培根。最後放上一些醋漬洋蔥。將美乃滋塗在漢堡的上層麵包上，然後將漢堡組合好。雖然吃起來很容易弄髒手，但卻是殺手級的美味！

# 韓式烤雞肉佐泡菜
## BULGOGI GRILLED CHICKEN
## WITH KIMCHI

4 人份

**98**

難易度：
易如反掌

雞
大
腿

4 塊無骨雞大腿肉，帶皮
不必等泡菜（見第 175 頁）

**醃料**
6 大匙醬油
4 大匙紅糖或砂糖
2 大匙蜂蜜或 2 小匙糖
4 大匙紹興酒、紅酒或味醂
2 大匙芝麻油
4 大匙蒜末
2 小匙黑胡椒粉
4 小匙烤過的芝麻
2 大匙蔥花
1 顆非常熟的梨子，最好是亞洲梨

韓式烤肉大多是以醃過的牛肉薄片炭烤製成，隨著地區不同風格也會有所差異，不僅有許多不同版本的醃料，也會使用其他種類的肉片，例如豬肉或雞肉，像我在這道食譜中，就使用了雞肉。

經典的韓式醃肉醬材料只有幾種，非常容易製作。美味的祕訣在於找到鹹甜之間的最佳平衡，然後使用大量的大蒜和芝麻油，創造出韓式料理的特色。為了增添風味和肉的軟嫩度，韓國人傳統上會加入韓國水梨所磨成的泥來醃肉，但如果你買不到韓國水梨，使用一般的梨子、甚至蘋果，也能達到同樣效果。

按照第 24 頁的指示用鹽水醃漬雞肉（可省略）。

在此同時，開始製作醃料。將所有材料放入食物調理機內攪打，然後移至淺碗內，靜置一旁備用。

待雞大腿肉醃漬完成後，用紙巾把肉拍乾，然後放入醃料中。用保鮮膜包好，放入冰箱醃至少 4 小時。若能醃 24 小時更好。

開始最後的步驟。將燒烤爐預熱至中溫。把雞肉放在烤架上，帶皮的那面朝上，烤 7～8 分鐘，然後翻面再烤 2～3 分鐘，或烤到肉熟透為止。將烤好的雞肉搭配一些泡菜上桌。

# 蠔油青花筍炒雞肉
## CHICKEN THIGHS
## WITH OYSTER SAUCE AND BROCCOLI

4 人份

4 塊去皮無骨雞大腿肉，橫切成薄片

120 毫升蠔油

4 大匙生抽

1 大匙細砂糖

4 大匙米醋

4 大匙芥花油

16 根青花筍 [25] （Tenderstem broccoli）

4 瓣大蒜，切成薄片

4 顆蛋，打成蛋液

300 克粄條，按照包裝上的指示烹煮

鹽和白胡椒粉

萊姆角，用來搭配

這真的是這本書中最簡單的食譜之一，一下子就能做好，而且從頭到尾只會用到一個中式炒鍋，不用太多準備，也不會弄得一團亂。蠔油的味道有點像醬油和烤肉醬的綜合體，鹹中帶甜。鹹味是來自發酵的牡蠣，當中蘊含著類似焦糖的甜味。蠔油沒有醬油來得鹹，而且充滿鮮味。

在此，我用蛋液來增加另一層口感，並加入粄條，創作出一道迅速、美味又令人滿足的料理，適合在下班後或週末夜享用。青花筍不僅帶有一種樸實的土壤味，也能增添爽脆口感。這道食譜設計成 4 人份，因為我喜歡和朋友一起吃中菜，但如果你想做給自己吃，只要按照比例減少材料就行了。

將雞大腿肉放入淺碗內，加入蠔油，包上保鮮膜後，放入冰箱醃 1 小時。若能醃一整晚更好。

在一個碗內混合醬油、糖和醋，攪拌直到糖溶解為止。

用中式炒鍋或深的煎鍋以中火熱油。加入青花筍炒 2 分鐘，然後加入大蒜再炒 1 分鐘。加入雞肉和蠔油，炒 3 ～ 4 分鐘，直到雞肉煮熟為止。將雞肉移到盤子上，置於一旁備用。

將蛋液倒入鍋中，先不要攪拌，靜待 1 分鐘後，再攪拌 30 秒使蛋散成蛋花。加入已煮好的粄條和雞肉，再炒 2 分鐘，直到食材都加熱完成為止。

盛盤時，附上萊姆角。

**99**

難易度：
易如反掌

雞大腿

THIGH HIGH

讓人上癮的雞大腿

# 客家辣味雞 [26]
## HAKKA-STYLE CHILLI CHICKEN
4 人份

4 塊去皮無骨雞大腿肉，切成 2.5 公分見方的小塊

1.5 公升芥花油，用來油炸，另外再準備 2 大匙

120 克玉米澱粉

1 顆洋蔥，切片

1 顆青椒，切成大塊

1 大撮鹽

### 醃料
1 塊拇指大小的生薑，去皮，切片

3 瓣大蒜

½ 小顆洋蔥

1½ 大匙老抽

½ 大匙克什米爾紅辣椒粉

1 小匙黑胡椒粉

4 大匙水

### 醬汁
3 ～ 4 根鳥眼辣椒，切片

1½ 大匙老抽

2½ 大匙生抽

1 大匙米醋

1 小匙孜然粉

1 大匙香菜籽粉

2 大匙番茄醬

1 大匙蜂蜜

½ 小匙克什米爾紅辣椒粉

120 毫升水

6 大匙玉米澱粉，加一點水勾芡

### 搭配
400 克白飯

醋漬洋蔥（見第 175 頁）

客家是移民到新加坡、香港、台灣與印度等地的一個中國文化族群，而這道料理就是源自於這些地區。這是一道印式中菜，融合了中國食材與印度香料。

我曾在某處讀到，這是由一位名叫黃玉堂的印度華裔廚師在 1975 年發明的著名料理。他使用了薑、大蒜、青辣椒等當地食材，但卻用醬油、番茄醬等中菜常見的調味料，來取代印度的葛拉姆馬薩拉香料（Garam masala）。我不確定這是不是真實故事，但誰在乎呢？不論是誰發明了這道菜，我都要向他致敬，因為做起來超簡單又美味。只要搭配白飯和一些用醬油大蒜炒過的青菜，一定不會出錯。

開始製作醃料。把薑、蒜和洋蔥放入食物調理機中，打成質地細緻的泥狀。預留 2 大匙打好的醃料，之後要用來替洋蔥與青椒上色。

將雞肉塊、剩餘的醃料、醬油、辣椒粉、黑胡椒粉和水一起放入碗內，然後用保鮮膜包好，放入冰箱醃 1 小時。

準備料理雞肉。將油倒入中式炒鍋、較大較深的平底深鍋或油炸鍋中，加熱到攝氏 180 度，或是丟一塊麵包屑進去，在 30 秒內嘶嘶作響即可。

在此同時，把雞肉從醃料中取出，放入玉米澱粉內拌勻，直到雞肉表面裹上一層薄薄的粉。

待油熱好後，將雞肉分批放入炸 5 ～ 6 分鐘，然後取出放於紙巾上瀝油。要盡量使雞肉保溫。

將 2 大匙芥花油倒入中式炒鍋或煎鍋中，以中火加熱。加入預留的 2 大匙醃料，煮 2 分鐘，或煮到醬冒出焦香、顏色變深為止。加入洋蔥片和青椒塊，炒約 2 分鐘。

開始製作醬汁。除了玉米澱粉外，將其他所有的材料放入小的平底深鍋中，煮至微滾。接著加入玉米澱粉勾芡水，一次加一點就好，直到醬汁開始變濃、會附著在湯匙背面即可。待醬汁變濃稠後，加入雞肉充分混合。

搭配炒青椒、白飯和些許醋漬洋蔥一起盛盤。

# 雞塊佐泡菜培根田園蘸醬與辣味搖搖粉

## CHICKEN NUGGETS WITH KIMCHI BACON RANCH DIP AND SPICY SHAKE

4 人份

8 塊無骨雞大腿肉，帶皮或去皮皆可，切成 4 公分見方的小塊

1.5 公升芥花油，用來油炸

**鹽漬**

100 毫升從韓國泡菜罐中瀝出來的泡菜汁

225 毫升白脫牛奶

1 小匙海鹽

1 大匙醬油

35 克韓式辣椒粉或韓式辣椒片

**麵衣**

180 克起司口味的多力多滋

20 克日式麵包粉

400 克中筋麵粉

1 大顆蛋

120 毫升牛奶

**泡菜培根田園蘸醬**

150 克韓國泡菜

70 克美乃滋（最好是日本丘比美乃滋）

2 大匙蝦夷蔥末

½ 小匙洋蔥粉

1 小匙流質蜂蜜

70 克酸奶油

1 小匙白醋

¼ 小匙美式芥末醬

4 片熟的乾醃斑條培根，切碎

1 撮新鮮的蒔蘿

海鹽與現磨黑胡椒粉

**辣味搖搖粉**

1 大匙卡宴辣椒粉

2 小匙韓式辣椒粉或韓式辣椒片

1½ 小匙砂糖

1½ 小匙細鹽

略少於 1 小匙味精（可省略）

1 小匙海苔碎片

1 小匙洋蔥粉

1 小匙大蒜粉

½ 小匙煙燻紅椒粉

¼ 小匙檸檬酸

難易度：
值得努力

雞
大
腿

泡菜是韓國飲食中的一種主食，是以各種不同的發酵蔬菜加上辣醬製成，辣醬通常會用韓國魚露或醃漬的鹹蝦米做為基底。醃製泡菜相當費時，需要細心準備以避免滋生黴菌，因此我為這本書設計了「不必等泡菜」的食譜（見第 175 頁）。蔬菜先用鹽醃過後，再混合辣醬，靜置於室溫下數天到數月。這個發酵過程會賦予泡菜一種鮮明獨特的酸味，幾乎能用來搭配任何料理。發酵製成的泡菜也具有許多有益健康的好處，其中之一是富含益生菌。

在這道食譜中，我在兩個階段都使用了泡菜，一個是在鹽漬雞肉時，用在增添風味，另一個則是在製作蘸醬時，用來打造出韓國版的經典美式田園沙拉醬。辣味搖搖粉的靈感是來自我很喜歡的泡麵 —— 韓國的「辛拉杯麵」。這個泡麵非常辣，我以前會打開裡面的泡麵湯調味包，撒在薯條或炸雞上當成搖搖粉。我的朋友艾許（Ash）和我一起負責為奇肯薩爾與奇肯速食開發菜色；他為我們設計出一種辣味搖搖粉，令人大為驚豔。不過，如果你不想花時間自己製作，那就買一些辛拉杯麵，直接用裡面的調味包也可以。如果你不愛吃辣，那就改成撒大量的馬爾頓海鹽。不論你把搖搖粉用在什麼料理上，都能帶來刺激味蕾的辛辣快感。

開始製作雞塊。將所有的鹽漬材料都放入一個大淺碗內攪拌，然後加入雞肉，用保鮮膜包好，放入冰箱醃至少 6 小時。若醃 24 小時會更好。

接著製作辣味搖搖粉。在一個小碗內混合所有的材料，然後靜置一旁備用。

準備開始料理前，先製作麵衣。用食物調理機將多力多滋打碎，然後移到一個碗內。用雙手手掌輕輕將日式麵包粉壓得更碎，然後和多力多滋混合在一起。放在一旁備用。

在一個碗內將蛋和牛奶打到充分混合後，置於一旁備用。接著在另一個碗內放入用來裹雞肉的麵粉。將雞肉從鹽水中取出，然後蘸麵粉，再用掉多餘的粉，接著浸麵糊，再放到多力多滋裡，使表面全都裹上麵衣。放入冰箱靜置，同時開始製作田園沙拉醬。

製作蘸漿。將泡菜從罐中取出，並用手盡可能將泡菜的汁擠出來。將泡菜汁連同美乃滋、蝦夷蔥、洋蔥粉、蜂蜜、酸奶油、醋和芥末醬，一起加入食物調理機內。用鹽和黑胡椒粉調味後，將所有材料打成平滑的醬。拌入碎培根和蒔蘿，然後把醬移至餐碗內。

準備炸雞肉。用油炸鍋或較大較淺的平底深鍋，把油加熱到攝氏 160 度，或是丟一塊麵包屑進去，在 30 秒內嘶嘶作響即可。將雞肉分批炸 7 ～ 8 分鐘，直到肉變成金黃酥脆、完全熟透為止。將雞肉從鍋中取出，放在紙巾上瀝油。將雞肉搭配蘸醬與辣味搖搖粉一起上桌。

# 印度烤雞串
## 搭配烤餅、薄荷醬與火藥搖搖粉
### CHICKEN TIKKA KEBAB WITH NAAN BREAD, MINT CHUTNEY AND GUNPOWDER SHAKE

4 人份

難易度：
值得努力

雞
大
腿

2.5 公分生薑，去皮

4 瓣大蒜

2 根青鳥眼辣椒，切成薄片

3 大匙原味濃優格或希臘優格

2 小匙鷹嘴豆粉

1 小匙味道溫和的紅椒粉

1 小匙克什米爾紅辣椒粉

½ 小匙葛拉姆馬薩拉香料

1 小匙香菜籽粉

1 撮肉桂粉

1 撮番紅花絲，用一點溫水浸泡 5 分鐘

鹽，適量

450 克去皮無骨雞大腿肉，切成一口大小

**印度烤餅**

1½ 小匙速發乾酵母

1 小匙細砂糖

150 毫升溫水

300 克高筋麵粉

1 小匙鹽

5 大匙原味優格

2 大匙融化的印度酥油或奶油，另外再準備一些用來刷烤餅

植物油，用來替碗上油

1 小匙黑種草籽或罌粟籽 [27]

**印度薄荷醬**

150 克原味優格

20 克市售薄荷醬

鹽，適量

**最後步驟**

3 大匙融化的印度酥油

火藥搖搖粉（見第 124 頁）

1 顆分量的檸檬汁

醋漬洋蔥（見第 175 頁）

1 把香菜葉

我在英國文化最多元的城市伯明罕長大，因此印度美食深深烙印在我的基因裡，直到今日仍是我最愛的食物之一。這道食譜中的烤餅彷彿帶我回到過去。有一間印度酒吧在賣馬薩拉口味的薯條，火藥搖搖粉的靈感就是從那裡得來的。至於搖搖粉的名稱，則是依據南印度的傳統混合香料 Gunpowder（火藥）命名而來。這道食譜並不像書中的大多數食譜那麼道地，完全是我天馬行空的創意之作。

把薑、蒜和青辣椒放入食物調理機內，打成滑順的泥狀。

在一個大碗內混合優格和鷹嘴豆粉，直到沒有任何結塊、形成濃稠的泥狀為止。加入剛才打好的薑蒜辣椒泥、紅椒粉、辣椒粉、葛拉姆馬薩拉香料、香菜籽粉、肉桂粉和番紅花，充分攪拌並用鹽調味。放入雞肉，使醃料包覆其表面。用保鮮膜包好後，放入冰箱醃數小時。如果你想要，也可以醃一整晚。

開始製作印度烤餅。在一個碗內混合酵母、糖和 2 大匙溫水，然後靜置到發酵起泡為止。

在一個大碗內充分混合麵粉和鹽。將優格拌入酵母水中，然後在麵粉中間挖一個洞，倒入酵母水和融化的印度酥油。將這些材料混合在一起，然後慢慢拌入剩餘的溫水，以形成柔軟、有黏性、帶有韌性但較濕潤的質地。

把麵團倒在撒有薄薄一層麵粉的檯面上，揉 5 分鐘，或揉到麵團變平滑且較不黏為止。將麵團移到塗有薄薄一層油的大碗內，然後翻過來讓另一面也沾上油。用茶巾覆蓋，然後放在較潮濕的環境中，靜置 1.5～2 小時，直到麵團發酵膨脹成原本的兩倍大。

將發酵好的麵團倒回撒有麵粉的檯面上。用手將麵團中的空氣拍打出來，然後分成 8 球。在此同時，將不沾煎鍋以大火加熱 5 分鐘，並把烤箱開低溫。

將其中一球麵團壓平並整成圓形，邊緣要稍微厚一點。接著將圓餅放入熱鍋中。當餅皮開始冒泡時，翻面繼續加熱，直到底下那面出現褐色的斑點。再翻面回來，加熱到餅皮全熟為止。在表面刷上融化的印度酥油，並撒上黑種草籽或罌粟籽（若有使用的話），然後放入烤箱保溫。剩下的麵團也以同樣的方式製成烤餅。

在此同時，用一碗溫水中浸泡 8 根木籤。在一個小碗內混合所有的印度薄荷醬材料，然後包上保鮮膜，放入冰箱冷藏，等到上菜前再取出。

將燒烤爐預熱到中溫。甩掉雞肉上多餘的醃料後，將雞肉串上木籤，然後放在網架上。用燒烤爐烤 15～20 分鐘，每 5 分鐘要翻面，並淋上印度酥油，直到滴下來的肉汁變得清澈、肉完全烤熟為止。

最後要開始包捲餅。取一片溫熱的烤餅，刷上印度酥油，然後撒上大量的火藥搖搖粉。將雞肉放在放面，擠一點檸檬汁、再淋一些薄荷醬。最後放上醋漬洋蔥，撒上香菜葉，就能捲成捲餅了。

# BBQ 烤雞披薩
## BBQ CHICKEN PIZZA

4 人份

難易度：
值得努力

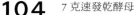

雞

大

腿

7 克速發乾酵母

350 毫升溫水

1 大匙蜂蜜

360 克義大利 00 麵粉 **28**，另外再準備一些用來防沾黏

1 大匙馬爾頓海鹽

2 大匙橄欖油，另外再準備一些用來替碗上油

**烤肉醬**

60 克牛髓骨，從中間剖開（可省略）

1 小隻豬腳，從中間剖開（可省略）

250 毫升番茄醬

4 大匙 French's**29** 美式芥末醬

1½ 大匙蘋果醋

2 大匙伍斯特醬（Worcestershire sauce）

1 小匙塔巴斯科辣椒醬（Tabasco）

100 毫升蘋果汁

4 大匙糖蜜

100 毫升雞高湯

3 大匙煙燻粉（可省略）

**披薩餡料**

150 克已煮好的雞絲

1 大匙芥花油

½ 顆紅洋蔥，切成薄片

1 把莫札瑞拉起司絲

1 把芳提娜（Fontina）起司絲

2 大匙帕馬森起司粉

鹽和粗粒黑胡椒粉

**這道烤雞披薩用披薩石板（Pizza stone）烤出來的效果最好，或者也可以直接放在烤箱網架上，用最高溫去烤。在製作烤肉醬時，如果你想要簡單一點，也可以省略豬腳和牛髓骨的部分。**

首先製作烤肉醬。如果有使用牛髓骨和豬腳，就將烤箱預熱到攝氏 180 度。將牛髓骨和豬腳放在烤盤上烤 30 分鐘，直到顏色變金黃為止。

將烤好的牛骨、豬腳和任何滴下來的油脂都倒入湯鍋裡，再加入番茄醬、芥末醬、蘋果醋、伍斯特醬、塔巴斯科辣椒醬、蘋果汁、糖蜜和雞高湯。煮至微滾後，用小火慢滾 2～3 小時，直到醬汁變濃稠為止。

用細孔篩網將醬汁過濾到碗裡，並把骨頭丟掉。加入煙燻粉攪拌，然後放涼。等醬汁冷卻後，裝入密封容器，靜置於冰箱，等要用時再取出。冷藏可保存 2 週。

開始製作披薩麵團。在一個小碗內用水溶解酵母，然後加入蜂蜜，攪拌到酵母水變混濁為止。將麵粉和鹽放入桌上型攪拌機內，用漿式攪拌葉片混合。然後加入酵母水和油，攪拌 5～7 分鐘以形成麵團。

將麵團倒到撒有薄薄一層麵粉的檯面上，繼續用手揉 4～5 分鐘。接著將麵團移到塗有薄薄一層油的碗內，用保鮮膜稍微蓋上，放在溫暖的地方，讓麵團休息 30 分鐘～1 小時。

將麵團平分成 4 球，然後再次用保鮮膜稍微覆蓋住，在溫暖的環境中靜置於烤盤上 30 分鐘，使麵團球發酵。

在此同時，開始準備餡料。雞絲以鹽和黑胡椒粉調味後，放在一旁備用。在煎鍋中加入芥花油，以中火加熱後，加入洋蔥炒 5 分鐘，直到顏色變透明且邊緣稍微變焦為止。從鍋中取出洋蔥，置於一旁備用。

將烤箱預熱至最高溫，並將披薩石板或烤盤準備好。

在撒有麵粉的檯面上，將一個麵團球整成所需的形狀，然後迅速將餅皮放到石板或烤盤上。先在底部刷上烤肉醬，再撒上雞肉絲和起司。放入烤箱烤 5～8 分鐘，直到披薩底部變酥脆為止。剩下的麵團球和餡料也以同樣的步驟製成披薩，烤好即可上桌。

OOZE

油脂

BBQ 烤雞披薩

# BOOZE

酒精

108/224

雞 全 腿

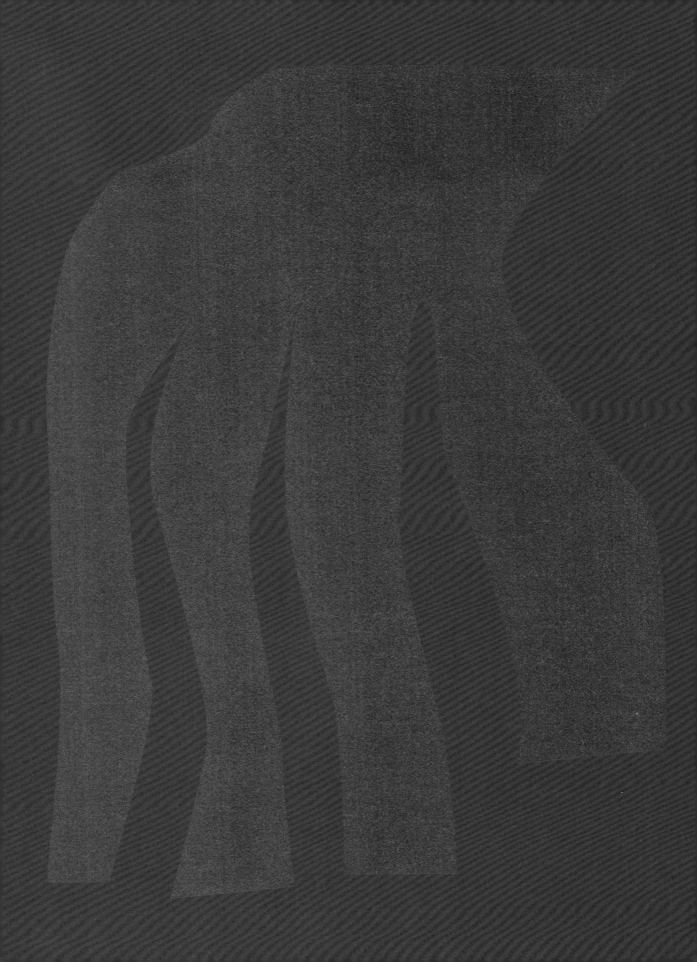

# 櫻桃可樂烤雞腿
## CHERRY COLA CHICKEN LEGS

4 人份

難易度：
易如反掌

雞全腿

4 隻去骨雞全腿，帶皮
（可以請肉販幫你去骨）

**櫻桃可樂叉燒醬**
4 大匙海鮮醬
8 大匙櫻桃可樂
2 塊紅豆腐乳，切塊
4 大匙蜂蜜
4 大匙紹興酒
4 大匙生抽
3 大匙蠔油
2 小匙老抽
1 小匙五香粉
¼ 小匙白胡椒粉

**搭配**
400 克已煮好的白飯
炒中式蔬菜（可省略）

這道食譜的靈感是來自我最愛吃的一道烤肉料理 —— 港式叉燒。傳統上，叉燒的製作方法是先用味道獨特的甜味五香醬料醃豬肩肉，再進行燒烤。你可能看過許多中餐廳的櫥窗內，都掛著叉燒肉、脆皮燒肉和烤鴨。這種製作叉燒的方式也很適合用來料理雞腿，只需要多花一點烹調時間，烤出來的雞腿就會帶有焦脆、黏滑、味道獨特又香甜的外皮。

其特殊風味是來自發酵的豆腐乳；這是一種中式料理會用到的材料，基本上是將豆腐塊、發酵的紅米和其他調味料放入米酒中醃製而成。豆腐乳是這道食譜不可或缺的食材。櫻桃可樂則是我的創意發想，用來為醃料添加另一層黏滑甜蜜的櫻桃風味。這道料理可搭配白飯和炒青菜一同享用，甚至也能加上白吐司、丘比美乃滋和一些漬物，組合成美味的三明治。

開始製作醃料。將所有材料放入淺碗內混合均勻，加入雞腿，包上保鮮膜，放入冰箱醃至少 24 小時。

準備要料理時，將烤箱預熱至攝氏 180 度。

將雞腿放在烤架上，使空氣能夠流通。放入烤箱烤 30 ～ 40 分鐘，或烤到皮脆肉熟透為止。將烤好的雞腿切片，搭配白飯上桌。

曲目五

焦脆 —— 黏滑 —— 風味獨特

# 芝麻薑味柑橘雞絲萵苣杯

## LETTUCE CUPS WITH CHICKEN, MANDARIN, GINGER AND SESAME

4 人份（1 人 4 杯）

難易度：
還算輕鬆

雞
全
腿

250 克大白菜，切絲

100 克紫甘藍，切成細絲

50 克豆芽

500 克剩下的烤雞腿，剝成絲（見第 117 頁）

1 把香菜，葉子撕碎

1 把泰國羅勒，葉子撕碎

1 把新鮮薄荷，葉子撕碎

50 克海帶芽（可省略）

12 根青蔥，切成細蔥花

295 克罐裝柑橘瓣，瀝乾水分

1 顆小寶石蘿蔓萵苣或英國奶油萵苣，葉片分開

### 芝麻生薑沙拉醬

60 克醃漬嫩薑，切碎

2⅔ 大匙米醋

2 大匙蜂蜜

2 大匙細砂糖

1 大匙芝麻油

1 大匙醬油

¼ 小匙五香粉

鹽和白胡椒粉

### 裝飾（可省略）

200 毫升芥花油

1 把生粄條，撕成小片

3 大匙烤花生，壓碎

1 大匙熟黑芝麻

罐裝柑橘有一種迷人的魅力，是少數讓我覺得適合入菜的罐裝水果。這道食譜不僅做起來有趣，也讓我聯想到 1970 年代附有褐色圖片的舊式食譜書。

味道輕盈清爽的萵苣杯，可直接用手拿著吃，非常適合在雞尾酒派對上享用，或是直接放在餐桌上，和一群朋友分享。萵苣杯裡裝滿了美味、充滿生氣又新鮮爽脆的沙拉，以及芬芳的香草。芝麻生薑沙拉醬也可保存到日後，再用來搭配任何你喜歡的碎沙拉，變化出新的創意。

開始製作沙拉醬。將所有材料放入食物調理機裡攪拌均勻。

接著製作裝飾用的粄條脆片。把油倒入小的平底深鍋中，加熱到攝氏 180 度，或是丟一塊麵包屑進去，在 30 秒內嘶嘶作響即可。放入粄條碎片煎炸 1 分鐘，直到粄條膨脹為止。把油瀝乾後，置於一旁備用。

開始組裝萵苣杯。在一個大碗內，將大白菜絲、紫甘藍絲、豆芽、雞絲、撕碎的香草、蔥花和柑橘瓣，混合在一起。加入大量沙拉醬拌勻，直到所有食材都蘸附醬汁為止。

將 4 片小寶石蘿蔓萵苣或英國奶油萵苣的葉片擺在盤子上，在葉片內堆滿混合沙拉，然後撒上粄條脆片、壓碎的花生和黑芝麻做為裝飾。

# 白味噌松露雞肉派

## CHICKEN, WHITE MISO AND TRUFFLE PIE

4 人份

4 隻雞全腿，帶骨，去皮，切成棒棒腿和大腿兩部分

1 公升雞高湯

3 大匙奶油

15 克生薑細末

2 瓣大蒜，切成細末

150 克香菇

1 大匙中筋麵粉

50 克白味噌

1 小匙白松露油

2 大匙生抽

5 根青蔥，切成細蔥花

20 克罐裝黑松露或白松露刨片

375 克包裝的純奶油酥皮

1 顆蛋，打成蛋液

鹽和白胡椒粉

難易度：
值得努力

我認為任何雞肉派都應該用肉色較深的部分來製作，也因此選用雞腿肉來做這道料理，是再適合不過了。一開始先燉煮雞腿肉，你就會有美味的雞高湯做為雞肉派的基底。為了增添奢華感，我用松露和飽滿的香菇取代一般會使用的蘑菇。松露帶有一種刺鼻的氣味，是全世界最棒的食材之一；雖然價格非常昂貴，但你可以在任何的高級熟食店裡，找到罐裝的松露刨片，用來製作這道料理效果會非常好。

白味噌添加了甘甜鮮明的風味，和奶油醬出奇地搭。如果你不想要做成派，可以直接用煮好的餡料搭配白飯，這樣就會是一頓好吃又療癒的平日晚餐了。

在大的平底深鍋內，以小火水煮雞腿肉 20 ～ 30 分鐘，直到雞肉全熟為止。取出雞肉，置於一旁備用。

用煎鍋以中火加熱奶油，加入薑末和蒜末炒 3 分鐘，使水分釋出。接著加入香菇和麵粉，攪拌使所有食材都裹上麵粉，然後加入雞高湯，攪拌到醬汁變濃、質地像重鮮奶油那樣即可。加入白味噌、松露油、醬油和蔥花，然後將鍋子移離爐架。

用兩支叉子將煮好的雞腿肉剝成絲，並將棒棒腿的骨頭保留下來。混合雞絲和白味噌奶油醬，接著拌入松露刨片。用鹽和白胡椒調味。

把雞肉餡料平分到 4 個派盤內。

將烤箱預熱到攝氏 180 度。

在撒上薄薄麵粉的檯面上，將酥皮擀開，然後裁切成 4 個稍微比派盤大的圓形。在每片圓形酥皮的中央戳一個洞，再把酥皮蓋在派盤上，然後將棒棒腿的骨頭插入洞內，使骨頭伸出酥皮上方。替每片酥皮刷上蛋液。

烤 20 ～ 30 分鐘，直到派皮變金黃色、派中央熱騰騰即可。

雞全腿

曲目五

# 我的週日夜雞肉馬德拉斯咖哩
## MY SUNDAY NIGHT CHICKEN MADRAS

6 人份

6 隻雞全腿，切成棒棒腿和雞大腿兩個部分，去皮

白飯、印度烤餅或煎餅（Roti bread），用來搭配

### 萊姆醃洋蔥

2 顆紅洋蔥，切成薄片

1 大撮馬爾頓海鹽

3 顆分量的萊姆汁

烘烤過的孜然籽

完整的香菜葉

### 馬德拉斯咖哩粉

1 小匙黑胡椒粒

1 枝約 7 公分長的桂皮 [30]（Cassia bark stick）

5 顆整粒的丁香

2 大匙香菜籽

1 小匙胡蘆巴籽

1 小匙芥末籽

1 小匙白罌粟籽

1 小匙孜然籽

½ 小匙茴香籽

2 大匙薑黃粉

1 小匙克什米爾紅辣椒粉

1 小匙鹽，或酌量

### 馬薩拉醬

3 小匙植物油

1 小匙黑芥末籽

10 ～ 12 片新鮮咖哩葉

1 顆洋蔥，切成細丁

1 根青辣椒，切碎（若想吃更辣就用 2 根）

2 公分長的生薑，去皮，磨泥

2 瓣大蒜，切成細末

400 克罐裝的李子番茄（Plum tomato）

2 小匙羅望子果肉

1 小匙紅辣椒粉（可省略）

1 把香菜

對我來說，週日夜就是要吃咖哩。理由我也說不上來，但總覺得坐在沙發上邊看電影邊吃咖哩，很適合做為週末的結尾。這要從我當 DJ 的時期說起；當時每到週末，我都會在各個夜店表演，直到週日晚上才會回家。回到家後，我只想好好吃一頓咖哩，坐在電視前享受寧靜的時光。我想就是從那時起，養成了在週日夜吃咖哩的習慣。

加上我在伯明罕長大，我們那裡的人對咖哩可說是相當了解！這道咖哩我已經做了好幾年，每次製作時就像是回到伯明罕一樣。它的味道複雜、辛辣又療癒，還帶有羅望子果肉的酸甜。由於煮起來要花一些時間才會好吃，因此不用著急，你可以確實地烘烤所有香料，慢慢把洋蔥煎成褐色。不同的烹煮階段為這道咖哩帶來豐富的風味層次。

我每次都在週六把咖哩煮好，然後就這樣靜置在檯面上，等到週日晚上再加熱。如此一來，香料的味道就有時間沉澱下來，所有的風味也能藉機融合與延展。事實上，任何的咖哩煮好後隔一、兩天再吃，都會變得更美味。我喜歡用刷上大蒜青辣椒奶油的現烤印度烤餅（見第 102 頁）搭配著吃 —— 這就是屬於伯明罕的味道！

開始製作醃洋蔥。在一個碗內混合所有的材料，然後包上保鮮膜，靜置於室溫中至少 1 小時，可以的話就放久一點。上菜前，瀝乾當中的汁液，並將醃洋蔥移到餐碗內。

接著製作馬德拉斯咖哩粉。用電動研磨罐、攪拌機或研磨缽，將黑胡椒粒、桂皮、丁香、香菜籽、胡蘆巴籽、芥末籽、白罌粟籽、孜然籽和茴香籽磨成細粉。接著拌入薑黃粉和克什米爾紅辣椒粉。

將雞肉放在大碗內，用 2 ～ 3 大匙馬德拉斯咖哩粉和鹽塗抹，直到完全包覆雞肉表面為止。靜置一旁備用。將剩餘的馬德拉斯咖哩粉倒入密封罐內存放，可保存 3 個月。

準備製作馬薩拉醬。用大的附蓋鑄鐵平底深鍋以中火熱油。待油變熱後，加入芥末籽。一旦芥末籽開始發出爆裂聲，就拌入咖哩葉，接著放入洋蔥，慢炒 20 分鐘，直到洋蔥變成深褐色為止。加入青辣椒、薑和大蒜，要邊炒邊攪拌，因為醬汁很容易黏鍋。萬一黏鍋了，就加一點水進去。

拌炒數分鐘後，加入番茄和羅望子果肉。如果很愛吃辣，也可以加入紅辣椒粉。煮到沸騰後，把火轉小，繼續熬煮，直到馬薩拉醬變得濃稠為止。

待馬薩拉醬變得濃稠有光澤後，加入雞肉，攪拌使醬蘸附雞肉表面。把火轉到最小，蓋上蓋子，慢煮 40 分鐘～ 1 小時，過程中偶爾要攪拌。煮到雞肉全熟、醬變得更濃稠即可。搭配萊姆醃洋蔥以及白飯、印度烤餅或煎餅一起享用。

# 麻醬雞絲涼麵
## COLD SESAME CHICKEN NOODLES

4 人份

難易度：
還算輕鬆

4 隻雞全腿

1 大匙生抽

1 大匙芝麻油

1 小匙鹽

5 大匙冷水

3 大匙中式芝麻醬或中東芝麻醬

400 克新鮮麵條（依你喜好選擇種類）

½ 大匙芥花油

1 小匙細砂糖

½ 大匙中式烏醋（鎮江香醋）

**每份涼麵的材料**

1 大匙生抽

4 大匙中式芝麻醬或中東芝麻醬

5 根青蔥，切成細蔥花，另外再準備一些用來裝飾

1 把撕碎的香菜

½ 大匙狂暴辣油（見第 182 頁），用來灑在上面

1 撮現磨花椒粒，另外再準備一些用來裝飾

1 大匙花生碎粒，另外再準備一些用來裝飾

1 大撮醃紅蘿蔔（可省略）

1 顆切成薄片的櫻桃蘿蔔

1 小匙芝麻

在夏天吃涼麵是件特別享受的事。冰涼的麵條比熱騰騰的麵條還要有嚼勁，但同樣令人滿足。我的這道涼麵靈感是來自四川麻辣麵 —— 一種清涼但辣味十足的麻醬麵，其麻醬用量是這道食譜的一半。四川麻辣麵帶有濃郁的堅果風味，如果閉上眼睛品嚐，會覺得吃起來很像花生醬的味道，但層次多了辣油和花椒的麻辣搭配 Q 彈冷麵的涼爽，碰撞出絕妙的好滋味。

我在麵上面加了一些醃紅蘿蔔條、芝麻和蔥花，雖然這不是傳統的做法，但卻能增添清爽度和酸味。這道涼麵原本的口味非常辣，因此你可以依照自己敢吃辣的程度去調整辣油用量，並在上面撒上任何你喜歡的食材，讓整道料理變得更豐富。

按照第 24 頁的指示用鹽水醃漬雞腿。

隔天，將烤箱預熱至攝氏 180 度。把雞腿放入烤箱烤 35 ～ 40 分鐘，直到肉熟透為止（如果你想要，也可以去皮，但我比較喜歡帶皮的雞腿）。

雞腿放涼後，放入冰箱冷藏 30 分鐘，直到冷卻為止。待雞腿變得冰涼後，用叉子將肉剝離骨頭並撕成雞絲，然後置於一旁備用。

在一個碗內加入醬油、芝麻油、鹽和冷水，拌入芝麻醬內，使所有材料充分融合。拌好的醬應該會呈現流動但不稀薄的質地。放在一旁備用。

用大的平底深鍋裝水，煮至沸騰，然後加入麵條，按照包裝上的指示烹煮。

將麵條的水分瀝乾，並立刻加入 ½ 大匙的油（這麼做能防止麵條黏在一起）。攪拌使麵條和油均勻混合，然後用筷子反覆翻動，使麵條迅速降溫。將麵條放入冰箱內靜置到完全冷卻。

將涼麵、醬油、麻醬和其他所有食材（包括雞絲）混合在一起，然後分裝成 4 碗。用額外準備的蔥花、香菜、辣油、現磨花椒和烤花生裝飾。

雞全腿

曲目五

# 拉麵炸雞
## RAMEN-FRIED CHICKEN
2 人份

難易度：
值得努力

2 隻雞全腿，切成棒棒腿和雞大腿
兩個部分，帶皮、帶骨
2 公升芥花油，用來油炸
1 份辣味搖搖粉（見第 101 頁）

**白脫牛奶醃漬**
500 毫升白脫牛奶
1 小匙鹽
¼ 小匙味精（可省略）

**拉麵炸粉**
4 塊辛拉杯麵的泡麵

**麵糊**
1 大顆蛋
120 毫升牛奶

**辣味拉麵高湯**
4 小袋辛拉杯麵的湯調味包
依泡麵包裝指示準備的滾水

**搭配**
不必等泡菜（見第 175 頁）
醃西瓜皮（見第 173 頁）

雞
全
腿

我最早是看到我所喜愛的一位廚師用泡麵炸雞，才知道有這種做法。這位大廚就是紐約餐廳「桃福」（Momofuku）與美食雜誌《Lucky Peach》的創辦人張錫鎬（David Chang）。我很欣賞他看待食物的方式和驚人的創意，也很喜歡他從不掩飾自己對垃圾食物的熱愛。他雖然是一位認真嚴謹的大廚，也擁有許多餐廳和米其林三星的頭銜，卻懂得欣賞垃圾食物的美妙。

把泡麵打成炸雞用的裹粉，這真是一個非常聰明的點子。為了要再進一步延伸這個概念，我選用了我最愛的泡麵：辛拉杯麵。如果你想來點嗆辣快感，辛拉麵絕對會滿足你的喜好。數年來，每當我結束整天的廚房工作、餓著肚子在深夜回家時，辛拉麵就是我的宵夜最佳良伴。這種泡麵又辣又令人滿足，而且只需燒一壺水就行了！

在這道料理中，我在鹽漬階段和替炸雞調味時，都使用了雞塊食譜中的辣味搖搖粉（見第 101 頁）。另外，我在煮湯時，也會加辣味搖搖粉，讓整道料理感覺就像是「翻轉版」的辣味泡麵，你們懂我的意思嗎？用乾燥的泡麵製作炸粉，炸出來的雞肉外皮超級酥脆，非常適合搭配醃西瓜皮（見第 173 頁）或不必等泡菜（見第 175 頁）來享用。

準備用白脫牛奶醃漬雞肉。在一個淺碗內，將所有材料攪打在一起。加入雞大腿肉，包上保鮮膜，放入冰箱冷藏 12 ～ 24 小時。

隔天，開始製作拉麵炸粉。將乾燥的泡麵放入食物調理機內，打成粉狀，然後移到碗內備用。

接著準備麵糊。在一個碗裡打蛋和牛奶，直到充分混合為止。放在一旁備用。

將雞腿從醃料中取出，甩掉多餘的白脫牛奶。將雞肉蘸上炸粉，然後浸到麵糊裡。接著，把雞肉再次放回炸粉中，然後用手把粉撒到雞肉上。

把油倒入油炸鍋或大的平底深鍋內，加熱到攝氏 140 度，或是丟一塊麵包屑進去，在 40 秒內嘶嘶作響即可。油炸雞肉 7 ～ 8 分鐘，直到肉開始變成金黃色為止。接著取出雞肉，靜置一旁。

加熱使油溫升到攝氏 160 度，或是丟一塊麵包屑進去，在 30 秒內嘶嘶作響即可。再次油炸雞肉 4 ～ 5 分鐘，直到肉熟透為止。將雞肉取出，撒上大量的辣味搖搖粉調味。置於一旁備用。

開始製作拉麵高湯。在大的平底深鍋內，加入泡麵湯的調味粉，並按照包裝上的指示，加入足夠的水。煮到沸騰後，將高湯移離爐架，放在一旁備用。

準備上菜時，把拉麵高湯分裝到兩個中式湯碗內，並把炸雞擺放到一個大盤子上，在旁邊附上泡菜和醃西瓜皮。

# LIP SMACKIN' FLAVOUR

吮指留香的好滋味

雞翅

8 WINGS

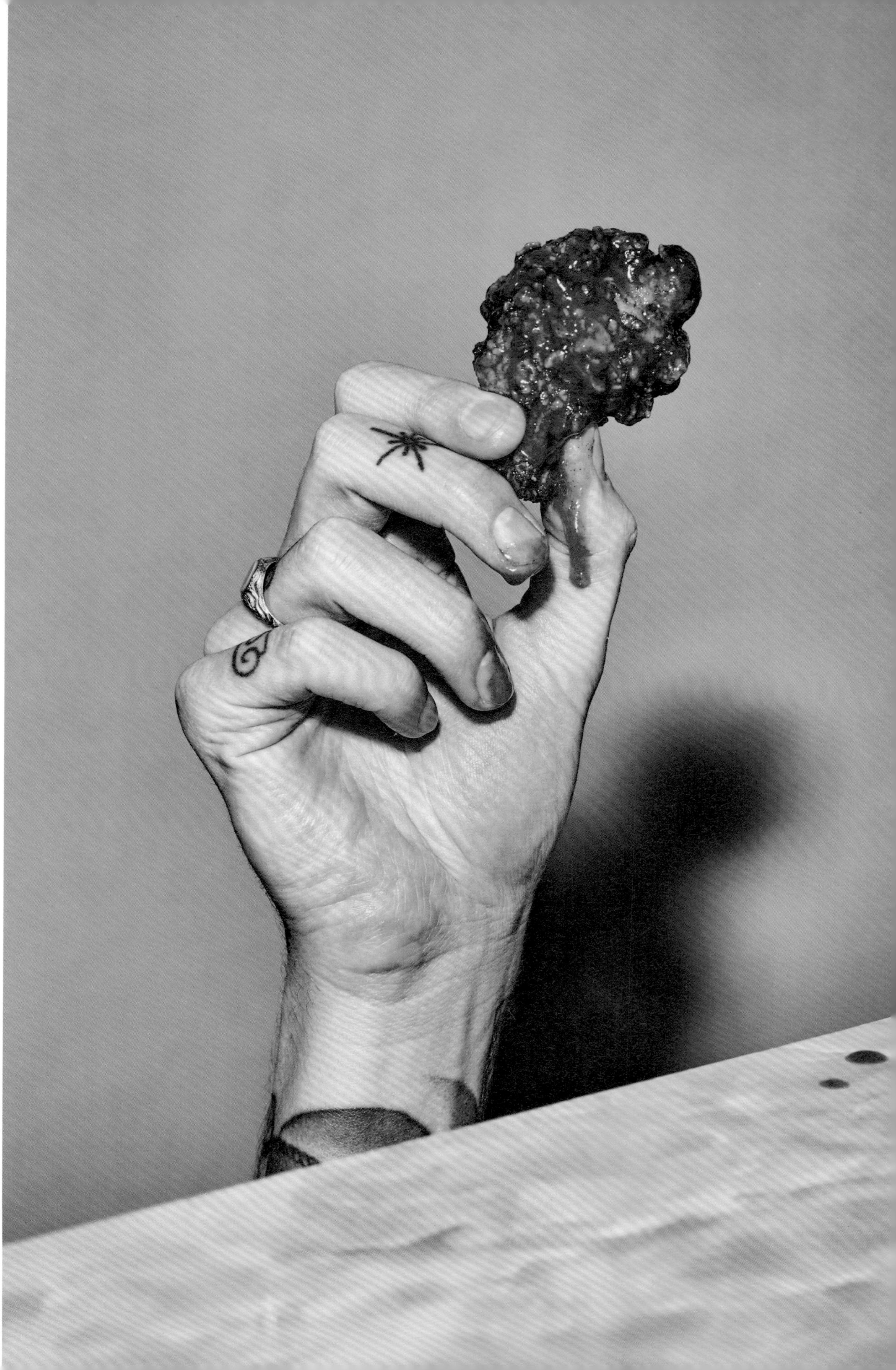

# 我的左宗棠雞翅
## GENERAL TSO MY STYLE

2 人份

4 大匙泡打粉

3 大匙馬爾頓海鹽

600 克切塊雞翅（可以請肉販幫你分切）

6 根青蔥，切成細蔥花，用來裝飾

**左宗棠雞翅糖醋醬**

1 小匙乾燥的紅辣椒，去籽

20 克蒜瓣

20 克生薑，去皮

60 克青蔥

160 克紅糖

4 大匙生抽

2 大匙老抽

2 大匙辣豆瓣醬

140 毫升蘋果醋

1 大匙中式烏醋（鎮江香醋）

1½ 大匙番茄醬

2 大匙紹興酒

1 大匙玉米澱粉或太白粉

2 小匙芝麻油

難易度：
易如反掌

雞翅

據說，左宗棠雞是台灣國宴御廚彭長貴在 1950 年代，為招待訪台美軍將領而創作的料理，不過關於這些酸甜雞翅的由來，還有許多不同的故事與傳說。從那時一直到超過 60 年後的今天，這道料理在美國一直都是銷售第一的外帶中菜。甚至還有一部名為【尋味左宗棠雞】（The Search for General Tso）的紀錄片，內容是在探尋這道傳奇料理背後的真實故事。

這是一道香甜可口、醬汁黏稠的雞肉料理，能夠滿足所有人的口味。我的食譜所呈現的是這道經典料理的「大人版」；相較於原創，風味的層次複雜許多，也更具深度。只要你抓好所有食材的分量，接下來的步驟就簡單多了，一下子就能完成。當中所使用的糖醋醬也很適合用在炙烤（或水煮）雞大腿、炸雞爪或任何其他的料理上。

開始製作糖醋醬。將辣椒、大蒜、薑和蔥放入攪拌機或食物調理機內，打成泥狀。

在一個平底深鍋內，加入剛打好的食材、糖、醬油、豆瓣醬、兩種醋、番茄醬和米酒，煮至微滾後，繼續煮 5 分鐘。在一個小碗內，混合 1 大匙水和玉米澱粉，然後拌入醬汁中勾芡。醬汁應該要濃到會附著在湯匙背面。接著加入芝麻油。

準備料理雞翅前，將烤箱預熱到攝氏 180 度。

在一個小碗內混合泡打粉和鹽。將雞翅放入一個大碗內，加入剛混合好的泡打粉，然後用手拌勻，使雞翅表面均勻裹上粉。將烤架設置在烤盤上，然後把雞翅放在烤架上，每個雞翅之間要留一點空隙，讓空氣能夠流通。

放入烤箱中間的層架上，烤 30 分鐘，然後移到上面的層架上，將烤箱溫度調高到攝氏 250 度，再烤 10 ～ 15 分鐘，直到雞翅表面摸起來酥酥脆脆的。

用中火加熱糖醋醬，然後在碗內將雞翅和大量糖醋醬拌在一起，再以細蔥花裝飾。

曲目六

# 火藥雞翅
## GUNPOWDER WINGS

6 ～ 10 人份

**124**

難易度：
易如反掌

**雞翅**

2 公斤切塊雞翅（可請肉販幫你分切）

4 大匙泡打粉

3 大匙馬爾頓海鹽

**火藥搖搖粉**

2 大匙馬德拉斯咖哩粉（見第 116 頁）

1 小匙細鹽

2 小匙洋蔥粉

1 大匙黑種草籽

略少於 1 大匙的紅糖

1 小匙葛拉姆馬薩拉香料

1 小匙味精（可省略）

½ 小匙查特馬薩拉香料（Chaat masala）

¼ 小匙大蒜粉

**酥炸香料**

3 大匙芥花油

1 把咖哩葉

2 大匙大蒜薄片

2 大匙紅蔥薄片

1 大匙乾燥辣椒，用手撕碎

火藥調味料是南印度餐桌上常見的調味料，製作材料為各式各樣的辛香料和乾燥豆類。我不知道它為什麼會取這個名字，但我猜應該是和乾辣椒帶來的辛辣有關。這種調味料用途廣泛，可用來為許多不同的食物提味。老實說，這道食譜和道地的南印度風味一點都不像，我只是很喜歡這個名字而已。

我最喜歡的搭配方式是把這種辣味粉撒在薯條上。在我的奇肯速食店裡，我們會用它來製作火藥薯條，並淋上印度羅望子醬和印度薄荷醬，搭配起來非常好吃，受到許多顧客喜愛。在此，我也用同樣的辣味粉替雞翅調味，並在最後撒上酥炸咖哩葉做為搭配。這道雞翅相當美味，如果你邀請朋友來家裡小酌，只要用一些烤花生或腰果，和酥炸香料拌在一起，就能當成配酒的小菜了。

按照第 24 頁的步驟用鹽水醃漬雞翅（可省略）。

開始製作火藥搖搖粉。將所有材料加入香料研磨罐中，瞬速攪打數次，使食材充分混合。不要過度攪打，以免粉末變得太細容易結塊。

準備料理雞翅前，將烤箱預熱到攝氏 180 度。

在一個小碗內混合泡打粉和鹽。將雞翅放入一個大碗內，加入剛混合好的泡打粉，然後用手拌勻，使雞翅表面均勻裹上粉。將烤架設置在烤盤上，然後把雞翅放在烤架上，每個雞翅之間要留一點空隙，讓空氣能夠流通。

放入烤箱中間的層架上，烤 30 分鐘，然後移到上面的層架上，將烤箱溫度調高到攝氏 250 度，再烤 10 ～ 15 分鐘，直到雞翅表面摸起來酥酥脆脆的。

接著製作酥炸香料。用小的煎鍋以中火熱油，然後分開炸咖哩葉、大蒜、蔥和乾辣椒，每種食材各炸 1 ～ 3 分鐘，直到變得酥脆為止。

用大量的火藥搖搖粉替烤好的雞翅調味，用量約 50 ～ 70 克，接著用 1 把酥炸香料裝飾。

# 黑糖蘋果醬烤雞翅
## STICKY CIDER VINEGAR AND
## BLACK PEPPER WINGS

6 ～ 10 人份

2 公斤切塊雞翅（可請肉販幫你分切）

4 大匙泡打粉

3 大匙馬爾頓海鹽

**黑糖蘋果醬**

250 毫升蘋果汁

250 毫升蘋果醋

250 克黑糖

1 大匙粗粒黑胡椒粉

125 克冰涼的無鹽奶油，切成小方塊

1 大匙玉米澱粉

½ 大匙水

難易度：
還算輕鬆

雞翅

這道食譜是我在數年前開設六個月快閃餐廳「迪斯可小酒館」時的創作，當時我正開始踏上永無止盡的完美炸雞追尋之路。當大衛和我最初創立奇肯薩爾餐廳時，我們的菜單上只有兩種雞翅 ——「辣味」和「黏醬」，而且至少在最初的兩年，它們都是固定菜色。

這些雞翅製作起來非常容易，也好吃到令人意猶未盡。兩者都帶有黑糖的甜味和蘋果醋的酸味。製作時，要使用你能找到品質最好的蘋果醋，因為這是美味的關鍵。即使在任一家街角商店裡找到的一般食用醋，只要是用濃縮的蘋果汁製成，都很適合用來做這道雞翅，因為糖的含量夠高。黑胡椒則能為黏稠的醬汁增添迷人香氣。這道雞翅吃起來會讓手變得又黏又髒，但就是要用手拿著吃才過癮，所以別忘了準備大量紙巾用來擦手。

按照第 24 頁的指示用鹽水醃漬雞翅（可省略）。

開始製作醬汁。將蘋果汁、醋和糖倒入平底深鍋中，用中火煮 10 分鐘，直到醬汁收乾一半為止。把火關掉，加入黑胡椒並拌入奶油。

在一個碗裡混合一點玉米澱粉和水。重新開火，用最小的火加熱醬汁，然後拌入玉米澱粉水勾芡。醬汁應該要濃到能附著在湯匙背面。接著關火，將醬汁靜置一旁備用。

準備料理雞翅前，將烤箱預熱到攝氏 180 度。

在一個小碗內混合泡打粉和鹽。將雞翅放入一個大碗內，加入剛混合好的泡打粉，然後用手拌勻，使雞翅表面均勻裹上粉。將烤架設置在烤盤上，然後把雞翅放在烤架上，每個雞翅之間要留一點空隙，讓空氣能夠流通。

放入烤箱中間的層架上，烤 30 分鐘，然後移到上面的層架上，將烤箱溫度調高到攝氏 250 度，再烤 10 ～ 15 分鐘，直到雞翅表面摸起來酥酥脆脆的。

從烤箱取出雞翅，趁雞翅還很熱、很酥脆時，把它們放入夠大的碗內，待會要加入醬汁攪拌。用小火重新加熱醬汁，然後把醬汁倒在雞翅上拌勻，讓所有的雞翅都裹上醬汁。接著把雞翅擺放在大盤子上，就可以開動了。

# 喜洋洋雞翅
## JOY LUCK CHICKEN WINGS

2 ～ 4 人份

**126**

雞翅

難易度：
值得努力

600 克切塊雞翅（可請肉販幫你分切）
1.5 公升芥花油，用來油炸
1 大匙芝麻油
1 大匙太白粉

**醃料**

15 克生薑，去皮
15 克紅蔥
6 瓣大蒜
½ 大匙細砂糖
1 小匙鹽
½ 小匙白胡椒粉
½ 大匙生抽
1 小匙老抽
1 大匙蠔油
1 大匙伍斯特醬
2 大匙紹興酒

**裝飾**

6 ～ 8 根青蔥，切成細蔥花
5 根紅辣椒，切成薄片
1 大匙油炸過的乾燥紅辣椒
1 大匙市售油蔥酥

「喜洋洋」（Joy Luck）是我最愛的中餐廳之一，位於倫敦中國城的傑拉德街（Gerrard Street）上。長久以來，我一直都是這間家族經營中國北方餐館的忠實顧客。雖然我的這道食譜跟他們一點關係都沒有，但我想藉此向他們致敬，因為多年來，他們帶給我許多靈感。

「紙袋雞翅」的做法有許多種變化，但我已經簡化步驟，讓你在家也能方便製作。傳統上，這道雞翅會放在紙袋裡油炸，但過程中要非常小心，而且要使用油炸鍋或非常深的中式炒鍋。這些雞翅上桌時，會讓人覺得很新鮮有趣 —— 用一把剪刀把紙袋上面剪掉，加一些額外準備的香料進去，就有「搖搖雞翅」可以享用了。這道有點獨特的料理一定會令你的客人印象深刻。

開始製作醃料。把薑、紅蔥和大蒜放入食物調理機或研磨缽裡，攪打或搗成泥狀。移到一個大淺碗內，和所有其他的材料一起混合，然後加入雞翅。用保鮮膜包好，放入冰箱醃至少 6 小時。若能醃 24 小時更好。

從冰箱取出雞翅後，稍微甩掉一點醃料，再放入乾淨的碗內。加入芝麻油和太白粉，仔細地將雞翅裹上粉漿。把雞翅分裝在 4 個牛皮紙袋內，並將上方反摺數次以封袋。注意裡面不要有太多殘留的醃料，不然紙袋會變得太濕。

在料理雞翅時，你需要準備一個家用桌上型電子油炸鍋，或一把深的中式炒鍋。在油炸鍋或炒鍋內加入足夠的油，這樣紙袋才能完全浸到油內。

把油加熱到攝氏 140 度，或是丟一塊麵包屑進去，在 45 秒內嘶嘶作響即可。一次放兩個紙袋到鍋內，炸 6 分鐘後，取出靜置 10 ～ 15 分鐘。接著把油加熱到攝氏 180 度，或是丟一塊麵包屑進去，在 30 秒內嘶嘶作響即可。再次將紙袋放入鍋中，油炸 3 ～ 4 分鐘，直到雞翅全熟為止。

炸好後，將紙袋放在盤子上，小心地用剪刀剪開上方，直接加入裝飾用的香料，搖一搖後就能開動了。

# WINNER WINNER

# 羅望子辣焦糖雞翅
## TAMARIND CHILLI CARAMEL WINGS

6～10 人份

2 公斤切塊雞翅（可請肉販替你分切）
4 大匙泡打粉
3 大匙馬爾頓海鹽

**羅望子辣焦糖醬**
4 大匙魚露
1 根鳥眼辣椒
200 克椰糖
1 大匙水
100 克羅望子果肉
2 大匙萊姆汁
1 小匙玉米澱粉

**裝飾**
1 小把香菜，撕碎
1 小把泰國羅勒
1 小把薄荷
2 大匙市售油蔥酥

這道雞翅做起來很簡單，而且應該是我在這世界上最愛的雞翅料理。這道食譜是以泰式辣焦糖魚露醬做為依據，並加以延伸，好吃到一吃就停不下來。完美的黏稠醬汁應該就是這樣子吧！

在此，美味的祕訣是要在椰糖的甜、魚露的鹹和羅望子的酸之間，取得平衡。你可以依自己的喜好，斟酌辣椒的用量。我非常愛吃辣，所以選擇新鮮嬌小的泰國鳥眼辣椒，但任何種類的辣椒都可使用。做為裝飾的香草能帶來清新香氣，而油蔥酥則能在最後增添爽脆口感。濃稠的羅望子辣焦糖醬用在任何富含油脂的肉類上（例如脆皮燒肉、烤鴨或甚至油脂較多的鯖魚）都很對味，效果令人驚豔。

開始製作焦糖醬。除了羅望子果肉、萊姆汁和玉米澱粉，將其他所有材料放入湯鍋中混合，並以小火煮 10 分鐘，煮至微滾，或煮到糖溶解為止。加入剩餘的材料後，將鍋子移離爐架，放涼使醬汁降到室溫、變得稍微濃稠一些。

準備料理雞翅前，將烤箱預熱到攝氏 180 度。

在一個小碗內混合泡打粉和鹽。將雞翅放入一個大碗內，加入剛混合好的泡打粉，然後用手拌勻，讓雞翅表面均勻裹上粉。將烤架設置在烤盤上，然後把雞翅放在烤架上，每個雞翅之間要留一點空隙，讓空氣能夠流通。

放入烤箱中間的層架上，烤 30 分鐘，然後移到上面的層架上，將烤箱溫度調高到攝氏 250 度，再烤 10～15 分鐘，直到雞翅表面摸起來酥酥脆脆的。

從烤箱取出雞翅，趁雞翅還很熱、很酥脆時，把它們放進夠大的碗內，待會要加入醬汁一起拌勻。

將已降到室溫的醬汁淋在雞翅上，然後拌一拌。用撕碎的香菜、羅勒、薄荷和油蔥酥裝飾。將雞翅擺放在大盤子上，就可以開動了。

# CHICKEN DINNER

大吉大利，今晚吃雞

# 原創迪斯可雞翅
## ORIGINAL DISCO WINGS

4 人份

**128**

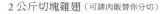

難易度：
還算輕鬆

雞
翅

2 公斤切塊雞翅（可請肉販替你分切）

4 大匙泡打粉

3 大匙馬爾頓海鹽

**派特大廚辣醬**

1 公斤蘇格蘭圓帽辣椒（Scotch bonnet chilli），去籽

1 公斤長的紅辣椒，去籽

50 克乾燥的奇波雷煙燻辣椒

250 克切碎的大蒜

1 小匙眾香子

2 顆八角

2 公升蘋果醋

1 公升水

250 克奶油

2 大匙玉米澱粉，用來勾芡

這是迪斯可小酒館的原創雞翅，也可以說是這間餐廳的起點。雖是最初始的版本，但炸得非常酥脆。在此我簡化了做法，因為我知道在家裡油炸食物並不容易，但如果你有動力，就採用韓式辣雞翅（見第 129 頁）的料理方法吧！努力絕不會白費。

在做這道料理時，你可能會需要戴護目鏡和拋棄式手套，因為要處理大量的蘇格蘭圓帽辣椒，相信我，這是我的經驗之談。這種辣椒非常嗆辣，是牙買加料理中常見的食材。對我而言，這道料理已達到辣雞翅的巔峰了，因為所用的每種辣椒都各有其獨特的風味和辣度。不過，雖然這些雞翅非常辣，但不會辣到你頭頂冒煙。它們的辣味均衡，並帶有奶油濃醇和果醋酸香的尾韻，就像是大人版的水牛城辣醬，但味道更好。

準備料理雞翅前，將烤箱預熱到攝氏 180 度。

在一個小碗內混合泡打粉和鹽。將雞翅放入一個大碗內，加入剛混合好的泡打粉，然後用手拌勻，使雞翅表面均勻裹上粉。將烤架設置在烤盤上，然後把雞翅放在烤架上，每個雞翅之間要留一點空隙，讓空氣能夠流通。

放入烤箱中間的層架上，烤 30 分鐘，然後移到上面的層架上，將烤箱溫度調高到攝氏 250 度，再烤 10 ～ 15 分鐘，直到雞翅表面摸起來酥酥脆脆的。

在此同時，開始製作辣醬。除了奶油和玉米澱粉，將其他所有材料放入一個大的平底深鍋內，以小火慢煮 20 ～ 30 分鐘。取出八角，將鍋中其他材料移到攪拌機內，打成滑順的質地。

將打好的醬倒回鍋中，加入奶油攪拌。接著混合玉米澱粉和一些水，倒入鍋中勾芡。攪拌直到辣醬會附著在湯匙背面即可。

將雞翅放入辣醬中拌勻，即可盛盤上桌。

曲目六

# 韓式辣雞翅
## KOREAN HOT WINGS

2 ～ 4 人份

難易度：
值得努力

600 克切塊雞翅（可請肉販替你分切）

約 2 公升植物油，用來油炸

5 根青蔥，切成細蔥花，用來裝飾

**裹粉**

60 克中筋麵粉

75 克在來米粉，或是乾燥的米，並用香料研磨罐磨成細粉

30 克玉米澱粉

**麵糊**

1 大顆蛋

120 毫升牛奶

**韓式辣雞翅醬**

1.5 公斤細砂糖

1.5 公升米醋

750 克是拉差辣椒醬

750 克韓式辣醬

750 克番茄醬

400 毫升芝麻油

300 克韓式包飯醬

200 克奶油

400 克雞油（見第 23 頁）

數年前，我在廚師好友吉齊・歐斯金（Gizzi Erskine）的引介下，第一次認識到韓國食物的美妙。身為一名廚師，偶爾會發現新的食材與文化，不僅耳目一新，也讓你想像力大開。我和韓國美食的相遇就是這麼一回事。吉齊的韓式炸雞非常出名，而且是我這輩子吃過最好吃的。她也是我認識的廚師中，最迷人又勤奮工作的一位，並擁有無限創意。她一次又一次帶給我啟發，直到今日仍是如此。

韓國人以二次油炸的方式炸雞，而我在自己的餐廳裡也採用相同手法，因為這麼做能使炸雞外皮變得超級酥脆。韓式辣雞翅醬是使用發酵的豆瓣醬（韓式辣醬與包飯醬）製成，味道鮮明辛辣。為了使風味更濃郁，我另外添加了雞油，結果也確實提升了美味的層次。對我而言，料理得當的韓式炸雞是這個世界上最好吃的食物，而我也希望自己能藉由這道食譜，向吉齊的超美味韓式炸雞致敬。把炸好的雞翅疊放在大淺盤上，和朋友一起分享。這些炸雞翅本來就應該用手拿著吃，所以乖乖收起餐具，準備好紙巾吧！

按照第 24 頁的指示用鹽水醃漬雞翅（可省略）。

開始製作辣雞翅醬。用平底深鍋以中火加熱糖和醋，直到糖完全溶解為止。除了奶油和雞油，加入其他所有的材料，煮至微滾，過程中要注意不要讓鍋底燒焦。待醬汁微滾後，加入奶油和雞油，攪拌直到充分混合為止。靜置一旁備用。

準備製作裹粉。將所有材料放入一個中等大小的碗內，用攪拌器混合均勻。置於一旁備用。接著製作麵糊。在一個碗內打蛋和牛奶，使其混合均勻。置於一旁備用。

將雞翅從鹽水中取出，瀝乾水分，然後用流動的冷水沖洗，再用紙巾拍乾。將雞翅分批放入裹粉中，再將多餘的粉徹底甩掉，然後浸到麵糊裡，再重新放入裹粉中拌一拌，同時用手把裹粉撒在雞翅上，直到包覆在雞翅表面的麵衣變得更具層次感。這麼做能讓雞翅外皮變得像早餐玉米片一樣爽脆。

把油倒入油炸鍋或大的平底深鍋內，加熱至攝氏140度，或是丟一塊麵包屑進去，在40秒內嘶嘶作響即可。分批油炸雞翅7～8分鐘，這時雞翅還不會完全炸熟。從鍋中取出雞翅，放在烤盤上靜置。如果把雞翅放在冰箱內冷藏一整晚，再進行第二次油炸，炸出來的效果最好。

用油炸鍋或大的平底深鍋再次熱油，這次要加熱到攝氏180度，或是丟一塊麵包屑進去，在30秒內嘶嘶作響即可。再次分批油炸雞翅3～4分鐘，直到外皮變得金黃酥脆為止。

將雞翅瀝油並移到碗內，倒入滿滿的辣醬。如果是隔天才要吃，屆時要先把辣醬加熱到溫熱的狀態，再淋到雞翅上。用細蔥花裝飾，趁熱上桌。

雞翅

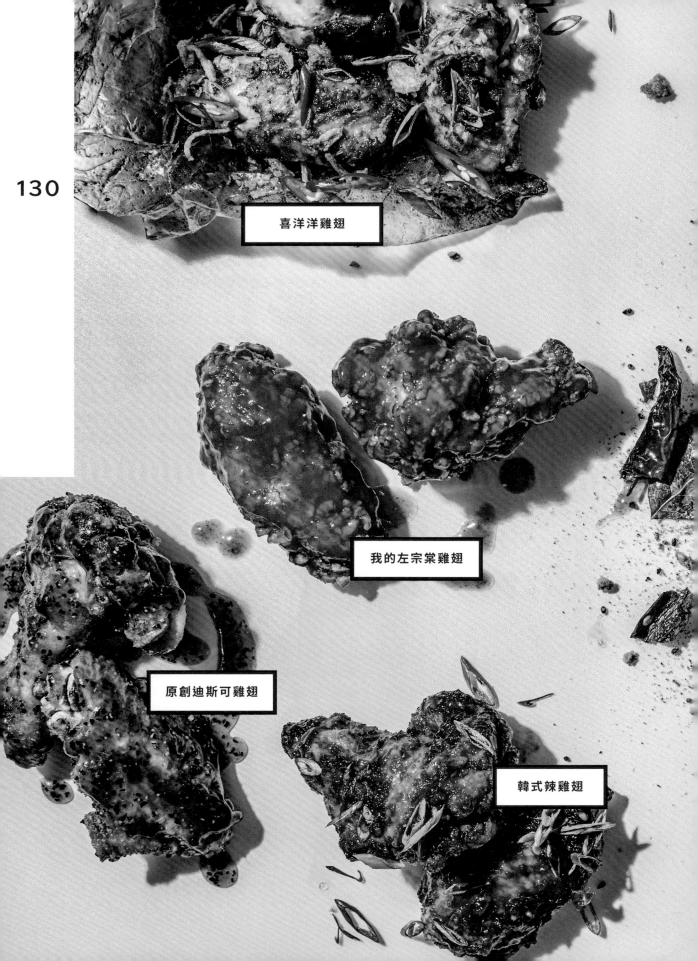

喜洋洋雞翅

我的左宗棠雞翅

原創迪斯可雞翅

韓式辣雞翅

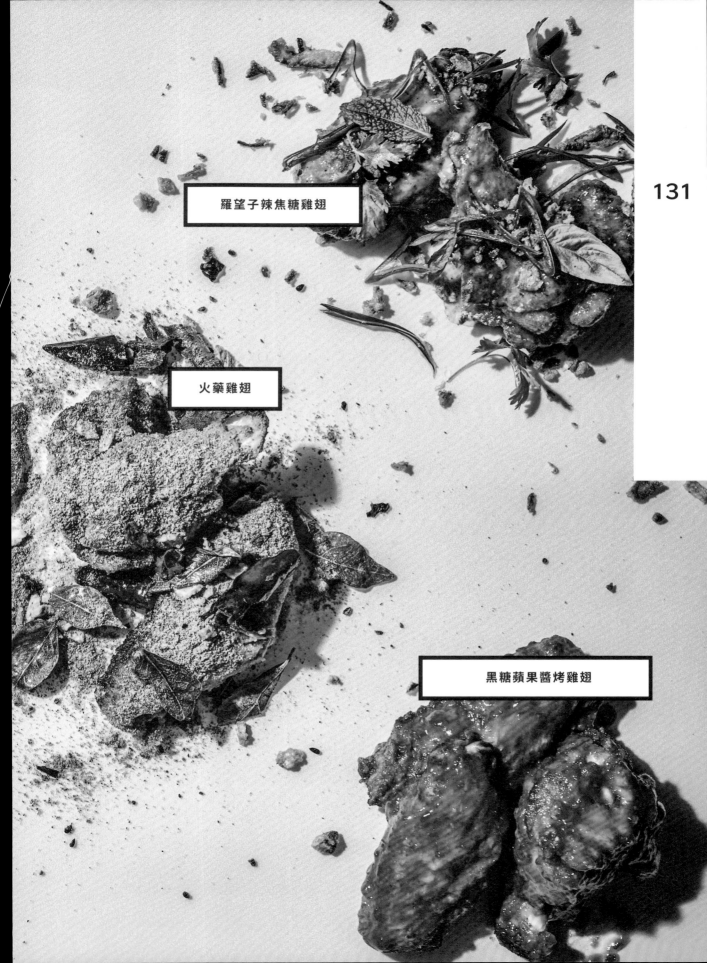

羅望子辣焦糖雞翅

火藥雞翅

黑糖蘋果醬烤雞翅

雞 雜

ITALIO

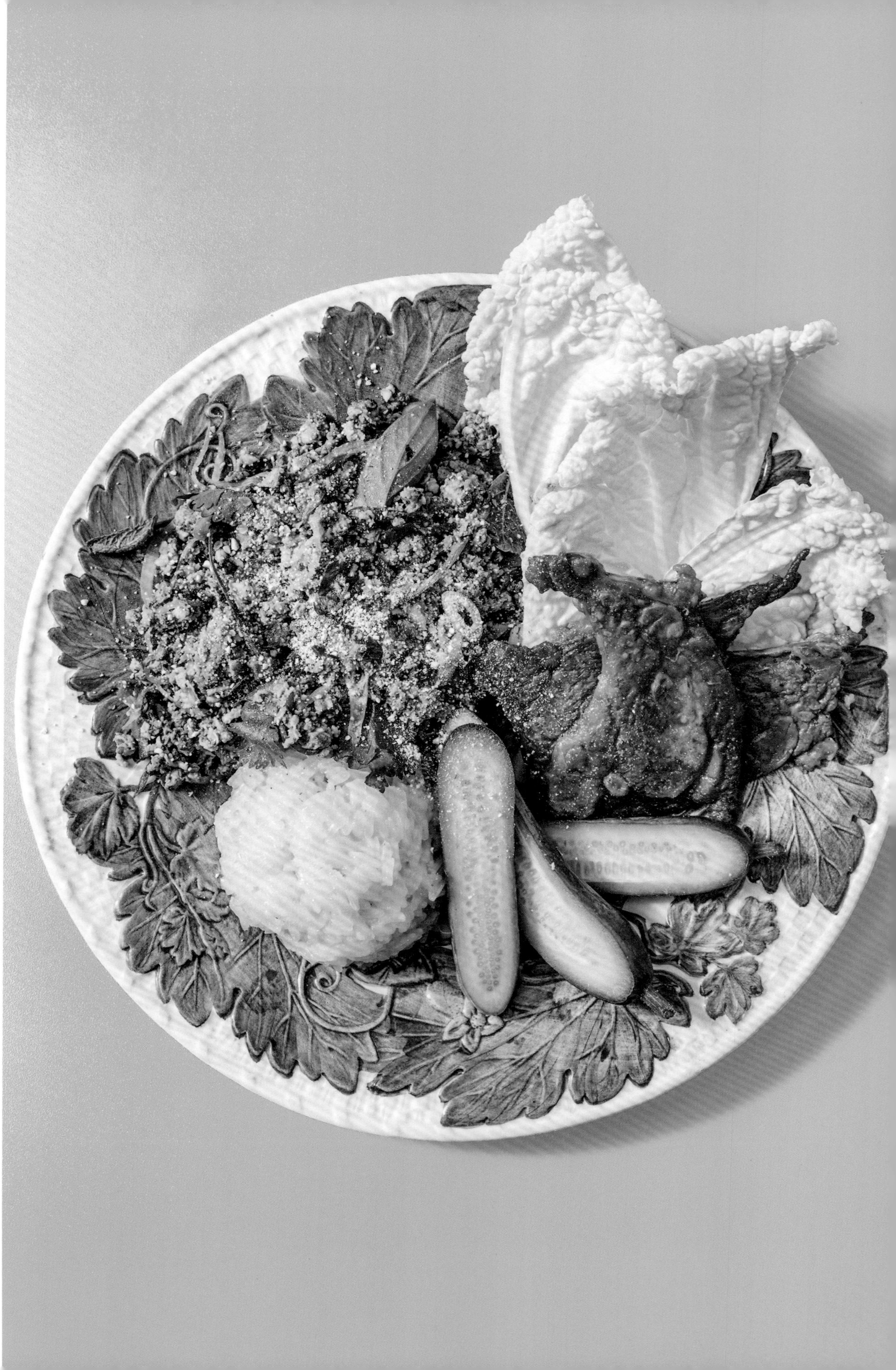

# 泰式雞雜拉帕
## CHICKEN OFFAL THAI LARB

2 人份

150 克糯米

4～5 片南薑薄片（Galangal）

2 片卡菲爾萊姆葉，稍微撕碎

1 根香茅莖，去除粗硬的外層，切成薄片

200 克雞內臟（雞雜，例如雞肝與雞心），剁成細末

100 克雞大腿絞肉

60 毫升雞高湯

1 小匙辣椒粉，用烘烤過的乾燥小根紅辣椒研磨而成，另外再準備一些完整的乾辣椒，用來裝飾

½ 大匙壓碎的椰糖，也可用細砂糖或紅糖代替

2 大匙魚露

60 毫升萊姆汁，或是在調味時酌量使用

2 大匙切成薄片的泰國紅蔥頭，或一般的小顆圓形紅蔥

2 大匙蔥花

1 小把切碎的香菜葉與莖，另外再準備一些用來搭配

1 小把撕碎的薄荷，另外再準備一些用來搭配

1 小把泰國羅勒，另外再準備一些用來搭配

**搭配**

3 份切成楔形的大白菜、萵苣或沙拉葉

½ 小根小黃瓜，縱切成片

雞皮餅乾（見第 157 頁）

糯米

拉帕（Larb）是一道起源於寮國的碎肉沙拉，但在泰國北部有各種不同的變化吃法。我還看過加了生血的拉帕，但實在沒勇氣嘗試。這種沙拉集結了辣味、酸味和甜味，辛辣程度非同小可，不適合膽小的人食用。有些我在泰國吃過的拉帕，甚至辣到讓我差點產生幻覺。

在此，我使用雞大腿絞肉和各種雞內臟（雞雜），以賦予拉帕濃郁的風味。這道碎肉沙拉充滿香草的香氣，雖然很辣，但在炎熱的天氣下享用，會令人神清氣爽。烘烤過的糯米粉能增添迷人的堅果香，不過在磨粉前的烘烤過程要慢慢來，因為如果沒有經過適當的烘烤，糯米粉吃起來會有沙沙的口感。這道料理可搭配糯米享用，或者也可以把沙拉裝進爽脆的萵苣杯裡，組合成屬於自己的拉帕。冰涼爽口的萵苣和辛辣溫熱的拉帕對比鮮明，搭配起來相得益彰。

將糯米倒入無油的煎鍋中，用中小火一邊烘烤一邊翻攪 4～5 分鐘，直到糯米呈現均勻的淡金色為止。加入南薑、萊姆葉和香茅莖，一邊烹煮一邊翻攪 2～3 分鐘，直到糯米轉為均勻的金黃色，並散發香氣為止。這時米芯應該仍是白色的。靜置使糯米完全變涼，再用香料研磨罐或研磨缽磨成粉。置於一旁備用。

在一個大碗內，將雞內臟和雞絞肉混合在一起。

將高湯倒入不沾鑄鐵煎鍋內，用中火煮至微滾。加入混合好的碎肉，然後用一支大的金屬湯匙，迅速攪拌約 3～4 分鐘，使雞肉能烹煮均勻。待雞肉煮熟不再是粉紅色後，將鍋子移離爐架。注意不要煮過頭。

將大部分的湯汁瀝掉，只留下如薄毯般剛好蓋過雞肉的量，這樣能防止雞肉乾掉，也能為整道料理增添濃郁的雞肉風味。

把雞肉移到碗內，趁溫熱時加入 1 大匙磨好的糯米粉，再加入烘烤過的辣椒粉。攪拌使食材均勻混合後，加入糖、魚露和萊姆汁調味。

最後，加入紅蔥頭、蔥和全部的軟香草，輕輕攪拌，使所有食材均勻融合。撒上額外準備的辣椒和香草，並搭配楔形大白菜、萵苣或沙拉葉、小黃瓜切片、雞皮餅乾和糯米一起盛盤。

# 雞心杏仁沙嗲
## CHICKEN HEART ALMOND SATAY
6 ～ 8 人份

**136**

難易度：
值得努力

雞
雜

1 公斤完整的雞心，清洗乾淨

**醃料**

2 大匙香菜籽

6 瓣大蒜，切成細末

1 塊拇指大小的生薑，去皮，切成細末

6 根香茅莖，切成細末

4 片卡菲爾萊姆葉，撕碎

2 大匙植物油

2 大匙印尼甜醬油

2 小匙醬油

**辣醬**

1 小匙乾燥的紅辣椒

¾ 大匙蝦醬

1 大顆洋蔥，切塊

2 公分長的新鮮南薑，去皮，切片

3 瓣大蒜，切丁

5 根香茅莖，去除粗硬的外層，切段

1 大匙腰果

¼ 小匙香菜籽粉

¼ 小匙孜然粉

¼ 小匙薑黃粉

1 撮甜紅椒粉（未煙燻的）

½ 小匙鹽

**杏仁沙嗲蘸醬**

3 大匙植物油

100 克烤過的杏仁

80 毫升水

2 小匙印尼甜醬油

¼ 小匙鹽

2 小匙椰糖

100 克高品質的杏仁奶油

100 毫升椰奶

15 克羅望子醬

2 小匙萊姆汁

雞心要料理得好吃，需要一點事前準備，不過一旦準備好，炙烤（或水煮）到三分熟的雞心會相當美味。雞心非常精瘦，近似於雞肉中顏色較深的部分（雞腿肉），而且頗具嚼勁。沙嗲醬應該沒有人不愛吧？這種醬傳統上是以花生製成，但我加了一點變化，改用烤杏仁和杏仁奶油來製作。它們會讓完成的蘸醬蘊含細緻的奶油堅果風味，是經典花生口味之外的另一個絕佳選擇。

這道料理需要花一點工夫製作，但確實地照著步驟做，絕對會值回票價，因為成品的美味程度非同凡響。剩下的蘸醬可以冷凍起來，這樣下次再做沙嗲時，就會比較輕鬆。用雞大腿肉或雞胸肉來做這道菜，效果也會很好，只要把雞心換成其中一種肉，再遵循相同的料理步驟即可。沙嗲很適合當作小點或開胃菜，和一群朋友同享。把沙嗲擺放在大餐盤上，讓大家自行蘸醬取用就行了。

開始製作醃料。將香菜籽倒入無油的煎鍋內，用中火烘烤數分鐘，然後將香菜籽移到研磨缽或食物調理機裡，和其他的材料一起搗碎或攪打。醃料的質地不需要很滑順。

把雞心放進碗裡，加入醃料。用保鮮膜包好，放入冰箱冷藏至少 6 小時或一整晚。

準備料理雞心前，先將 12 枝竹籤用一碗溫水浸泡 30 分鐘，以防止它們在料理過程中燒焦。

開始製作辣醬。將乾燥的辣椒用一碗冷水浸泡 1 小時，然後瀝乾水分，將辣椒和其他材料一起放入攪拌機裡，打成泥狀。置於一旁備用。

接著製作蘸醬。用中式炒鍋或深的煎鍋以中火熱油，然後加入辣醬炒約 15 分鐘，或炒到辣醬焦糖化並釋出香味為止。

將烤杏仁放入食物調理機中，打成粗粒狀。將水、印尼甜醬油、鹽和椰糖加到辣醬裡，攪拌直到糖溶解為止。接著加入打好的杏仁粒、杏仁奶油和椰奶，煮至微滾。加入羅望子醬，繼續煮 2 分鐘。將煮好的蘸醬移離爐架，拌入萊姆汁後，移到餐碗內靜置。

準備烤雞心。將雞心串到泡過水的竹籤上，每根竹籤各串數顆。用中火加熱煎鍋，然後分批放入雞心串，每面各烤約 2 分鐘，也可依你喜歡的熟度調整時間。雞心不要全熟、還保有一點粉紅色的狀態最好吃。將雞心串盛盤後，搭配和室溫相同溫度的蘸醬，一起享用。

曲目七

# 辣炒雞肝佐烏醋
## SPICY CHICKEN LIVERS
## WITH BLACK VINEGAR

4 人份

**138**

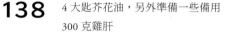

難易度：
易如反掌

4 大匙芥花油，另外準備一些備用

300 克雞肝

2 根青蔥，切成 1 公分小段

2.5 公分長的生薑，去皮，切成薄片

1 顆洋蔥，切成薄片

10 根乾燥的紅辣椒

1 大匙整粒的花椒

2 大匙辣豆瓣醬

2 大匙中式烏醋（鎮江香醋）

雞
雜

這道炒雞肝做起來非常快速容易，很適合做為療癒的宵夜或趕時間的午餐。除了帶有辣豆瓣醬和乾燥辣椒的辣味，以及花椒的麻感，烏醋的酸香與雞肝的濃郁風味更形成了強烈對比。中式烏醋是一種層次複雜、味道溫和的糯米醋，其特殊風味在某些層面與巴薩米克醋（Balsamic）相似，是中式快炒、燉煮和醬汁中經常使用的調味料。炒雞肝搭配白飯或麵條，或甚至放在烤過的酸種麵包上享用，一定不會出錯。

用中式炒鍋以中大火熱油到開始冒煙後，加入雞肝炒約 60～90 秒。從鍋中取出雞肝，置於一旁備用。

重新熱鍋，加入蔥和薑炒 30 秒。接著加入洋蔥，繼續炒 7～8 分鐘，直到洋蔥變軟，並稍微焦糖化為止。從鍋中取出食材，置於一旁備用。

接著再倒入一點油到鍋內，加入乾燥的辣椒和花椒炒約 20 秒。然後加入辣豆瓣醬、烏醋和剛才炒好的所有備用食材，用大火炒 1～2 分鐘。

用大餐碗盛裝上菜。

# 海苔口味雞胗球
## POPCORN CHICKEN GIZZARDS
## WITH SEAWEED SHAKE

4 人份

難易度：
值得努力

400 克雞胗，清洗乾淨
約 2 公升植物油，用來油炸

**鹽水醃漬**
90 克鹽
2 公升水

**麵糊**
1 大顆蛋
120 毫升牛奶

**裹粉**
60 克中筋麵粉
75 克在來米粉，或乾燥的米，並用
香料研磨罐磨成細粉
30 克玉米澱粉

**海苔鹽**
120 克芝麻
120 克海苔片
2 大匙馬爾頓海鹽

雞胗是雞胃裡負責消化食物的一個部位，雞吃下的砂石會在雞胗內滾動，幫助磨損食物以利消化 [31]。雞胗在料理前需要徹底清洗乾淨，才能清除當中的砂石殘渣。大多數的雞肉攤販都已先將雞胗處理乾淨，因此你只要跟他們購買就行了。雞胗雖然很小顆，但卻具有類似深色雞肉的獨特風味，而且富有嚼勁。在世界各地（包括墨西哥和非洲）的街頭小吃中，幾乎都能看到雞胗，而且料理的方式五花八門。

在這道食譜中，我把雞胗變成了有趣的炸雞球料理，畢竟誰會不喜歡雞米花呢？海苔鹽不僅為這道料理帶來大海的甘鹹味，還增添來自海苔的堅果香。你可以把雞胗堆放在小碗裡，提供給大家當小點心享用。書中列的其他任何蘸醬（見第178～185頁），幾乎都能配著吃，會很美味。

準備調配醃漬用的鹽水。將鹽和水倒入大碗內混合均勻，直到鹽溶解為止。加入雞胗，包上保鮮膜，醃漬至少1～2小時。

開始製作麵糊。在一個大碗內打蛋和牛奶，直到充分融合為止。置於一旁備用。接著準備裹粉。將所有材料放入大碗內混合均勻後，置於一旁備用。

開始製作海苔鹽。將海苔片放入無油的不沾煎鍋內，用中火烤2～3分鐘，然後將海苔移到食物調理機內，和其他材料一起打成滑順的質地。置於一旁備用。

準備料理雞胗前，先把油倒入大的平底鍋或深的中式炒鍋內，加熱至攝氏160度，或是丟一塊麵包屑進去，在40秒內嘶嘶作響即可。

從鹽水中取出雞胗。用手替雞胗裹上薄薄的一層粉，然後將雞胗浸到麵糊內，再重新放入裹粉中，用手幫忙把粉撒到雞胗上，以創造出麵衣的層次感。

甩掉雞胗上多餘的粉後，小心地將雞胗分批放入油鍋中，炸3～4分鐘，或炸到外皮變得金黃酥脆為止。用漏勺取出雞胗，放在紙巾上瀝油。撒上大量的海苔鹽調味後，即可上桌。

雞
雜

# 香酥雞爪佐辣醋醬
## CRISPY FEET WITH CHILLI VINEGAR SAUCE

6 ～ 8 人份

**140**

雞易度：
值得努力

雞 雜

500 克雞爪

1 小匙馬爾頓海鹽

2 大匙老抽

1 大匙細砂糖

3 瓣大蒜，切成細末

1 枝肉桂棒

1.5 公升芥花油，用來油炸

**麵糊**

1 大顆蛋

120 克中筋麵粉

120 克玉米澱粉

200 毫升冰冷的氣泡水

½ 小匙鹽

**辣醋醬**

360 毫升米醋

200 克韓式辣醬

80 克番茄醬

雞爪雖然看起來很恐怖，但千萬不要因此而退縮。一旦將準備工夫做好，它們就和其他部位的雞肉一樣，能做成非常美味的點心。在設計這道食譜時，我聯想到水牛城辣雞翅，於是便把同樣的口味套用在這道雞爪上。一旦先把雞爪處理好，製作起來就會非常容易。

辣醋醬只需要用到 3 種材料，但風味極具深度：韓式辣醬的辣味、米醋的酸味和番茄醬的甜味，搭配起來非常協調。事實上，如果你在最後加一小塊奶油到辣醋醬裡，再搭配炸雞翅一起享用，味道肯定不輸世界上任何的水牛城辣醬。所以，如果你真的不愛雞爪，也可以嘗試一下這種吃法。

將雞爪放入深的湯鍋內，加入足以覆蓋其表面的水量。除了油以外，將其他所有的材料也放入鍋中，用小火慢煮 2 小時。從湯汁中取出雞爪，用鉗子拔除上面的爪子，然後丟掉。把雞爪擺在盤子上，放進冰箱冷藏 2 小時。

開始製作麵糊。將所有材料放入大碗內攪拌均勻。麵糊的質地不需要很滑順，有點顆粒會比較好。

接著製作辣醋醬。將所有材料放入食物調理機內，攪打以促進乳化。完成後置於一旁備用。

準備料理雞爪前，先把油倒入大的平底深鍋或中式炒鍋內，加熱至攝氏 160 度，或是丟一塊麵包屑進去，在 40 秒內嘶嘶作響即可。把雞爪浸到麵糊內，然後放入油鍋中炸 5 分鐘，或炸到外皮變得金黃酥脆為止。

用另一個平底鍋慢慢加熱辣醋醬，但不要煮到沸騰。接著將辣醋醬倒入耐熱的碗裡。雞爪炸好後，將它們放入碗內，和辣醋醬拌在一起，直到表面裹上大量的醬汁為止。將雞爪擺放在大盤子上，即可上桌。

**HAPPY FEET**

快樂雞爪

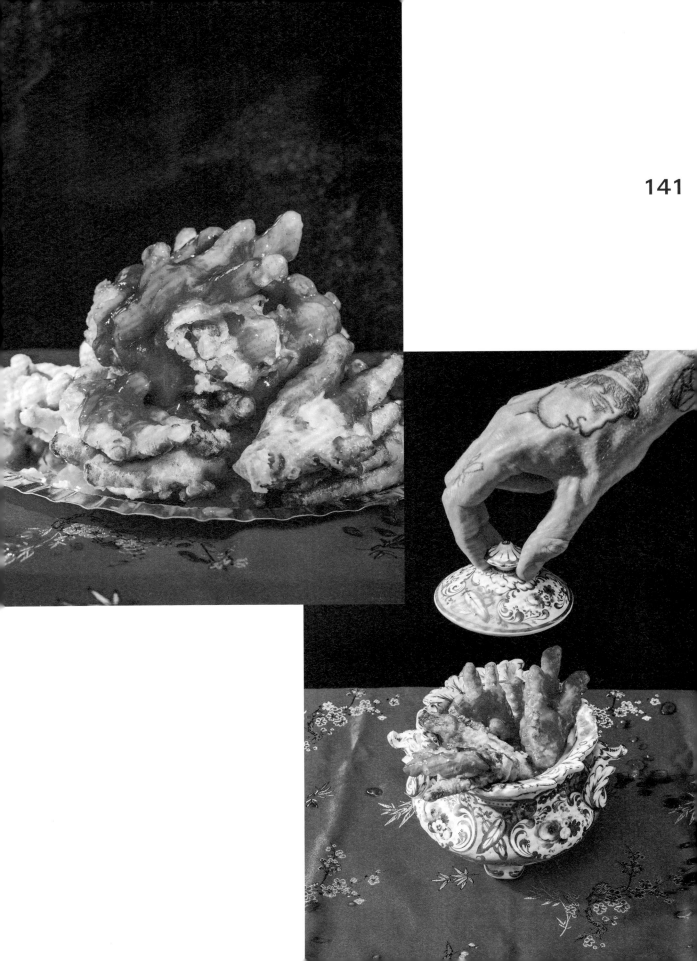

# 8 BONES

雞骨

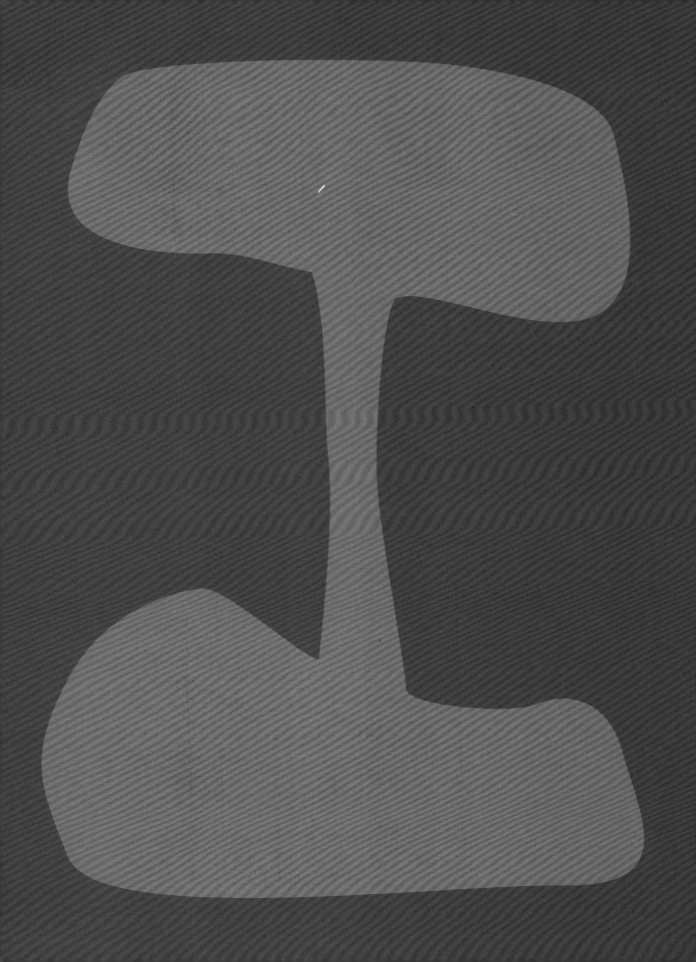

# 泰式米粉湯
## THAI BONE BROTH

6 人份

難易度：
還算輕鬆

2 大匙椰子油

1 顆洋蔥，切成細丁

2 大匙薑末

4 瓣大蒜，切碎

30 克南薑，切成薄片

2 公升雞高湯（見第 146 頁）

1 小匙鹽

6 片卡菲爾萊姆葉

3 根完整的香茅莖，用刀子拍扁輾壓以釋放風味

120 克蘑菇，切片（可省略）

4 根紅鳥眼辣椒，縱切成兩半

300 克米粉

600 克已煮好的雞絲

2 株小白菜，切成 4 等分

2 ～ 3 小匙魚露

萊姆汁，適量

4 根青蔥，切成細蔥花

**搭配**

1 把香菜，撕碎

6 把豆芽

3 根新鮮的紅辣椒，切成薄片

1 顆萊姆，切成萊姆角

這道泰式米粉湯不僅超級美味、令人滿足，也富含營養，帶有南薑、萊姆葉和魚露的濃郁香氣。基底是按照第 146 頁的步驟，預先煮好的雞骨高湯，但如果你買得到好喝的市售新鮮高湯來製作這道湯品，也一樣行得通。這道米粉湯因為加了鳥眼辣椒而辣味十足，但你也可以按照自己的喜好去調整辣度。米粉的滑順口感很適合大口吸食。冰箱裡若有任何剩下的雞湯，也可以加進這道香濃味美的泰式米粉湯裡一起烹煮。

用大的平底深鍋以中小火熱油。加入洋蔥炒 2 ～ 3 分鐘，直到洋蔥軟化變成金黃色為止。加入薑、蒜和南薑，再炒 1 ～ 2 分鐘。接著加入雞骨高湯、鹽、萊姆葉、香茅莖、蘑菇（若有使用的話）和辣椒，慢煮約 20 分鐘，或煮到香味釋出為止。

加入米粉再煮 7 ～ 8 分鐘，直到米粉煮熟為止。加入雞絲和小白菜，繼續煮 3 分鐘。最後用魚露和萊姆汁調味，再加入蔥花。

將煮好的米粉湯用 6 個中式湯碗分裝，並在每一碗內加入香菜、1 把豆芽、幾片辣椒和一個萊姆角。

雞骨

# 兩種雞高湯
## TWO KINDS OF CHICKEN STOCK

每種約 1 公升

**基本白高湯**

1 副雞骨架

1 顆洋蔥，切塊

1 根紅蘿蔔，切塊

1 根西芹梗，切塊

1 根韭蔥（Leek），切成 3 段

1 枝百里香

3 片月桂葉

難易度：
易如反掌

**基本褐高湯**

2 公斤雞翅

2 大匙芥花油，另外再準備一些用來炒食材

2 顆洋蔥，切成 4 等分

3 根紅蘿蔔，切成厚片

100 克蘑菇，切成 4 等分

2 瓣大蒜，搗碎，去皮

雞

骨

在此提供兩道基本的高湯食譜，我自己的冰箱裡總是會備有這兩種高湯。白高湯的風味較清淡純淨，適合用在調味較精緻的菜餚、燉飯，或甚至以海鮮為基底的料理上。褐高湯則因為使用烘烤過的骨頭烹煮，所以風味較濃郁，充滿鮮味，適合做為本書中任一麵食的基底。

開始製作白高湯。將所有材料放入大湯鍋內，倒入足以覆蓋食材表面的冷水。煮至微滾，並用湯匙撈除所有的浮渣。注意不要煮到沸騰，因為這樣會使湯裡的油脂乳化，導致高湯變得混濁。繼續慢煮 3～6 小時。

煮好後，用極細孔的篩網過濾高湯，並丟掉煮湯的食材，然後將高湯靜置放涼，再放入冰箱冷藏一整晚。隔天，將凝固於高湯表面的油脂撈掉。

準備製作褐高湯。將烤箱預熱至攝氏 200 度。把雞翅放進深烤盤內，並加入芥花油，放入烤箱烤 1 小時，或烤到雞翅變得金黃酥脆為止。

從烤箱取出烤盤，倒掉裡面的油脂，然後把雞翅移到盤子上。將烤盤放在瓦斯爐上加熱，並加入 200 毫升的水，用木匙將黏在烤盤底部的殘渣刮起。置於一旁備用。

用大的平底深鍋以中火熱一點油，然後放入紅蘿蔔、洋蔥和蘑菇炒 10 分鐘，直到它們開始焦糖化並轉為深褐色為止。加入雞翅和足以覆蓋其表面的水，接著煮至微滾。慢煮至少 3 小時，若能煮 6 小時更好。

煮好後，用篩網過濾高湯，並丟掉煮湯的食材，然後將高湯靜置放涼，再放入冰箱冷藏一整晚。隔天，將凝固於高湯表面的油脂撈掉。

這兩種高湯裝在密封容器裡，皆可冷藏保存 1 週。

# FROM THE BOWL

曲

目

八

# 海帶芽香菇雞湯
## CHICKEN BROTH WITH SHIITAKE AND SEAWEED

4 人份

20 克乾海帶芽，泡冷水 10 分鐘以恢復水分

2 小匙馬爾頓海鹽

2 小匙芝麻油

1 大撮蝦米（可省略）

白胡椒粉

2 顆蛋

**香菇雞湯**

85 克乾香菇，用水沖洗過

8 隻雞爪（可省略）

2 副雞骨架

1 塊拇指大小的生薑，去皮，切成薄片

4 公升過濾水或瓶裝礦泉水

這是一道喝了能淨化心靈的雞湯，出現在任何招待禪師的晚宴上，一定都會大受歡迎。湯的味道純淨，並因為加了海帶芽和蝦米，而帶有充滿海味的後韻。乾香菇不僅令風味更具深度，和薑搭配在一起也非常對味。另外我也使用雞爪，為高湯帶來較黏滑的凝膠口感。但如果你不喜歡雞爪，也可以直接省略不用。

如同這本書中的其他高湯食譜，你可以先煮好一大鍋湯，再分成數份冷凍起來，以供日後使用。煮湯時，我用的是電子壓力鍋。如果你也有這種鍋子，可以嘗試用慢燉模式煮約 3 小時，這樣雞湯的風味會更濃郁。

開始製作雞湯。用足夠的熱水浸泡乾香菇 30 分鐘，或泡到變軟為止，使香菇恢復水分。接著把水瀝掉，泡香菇的水要留著備用。

將雞爪和雞骨架放入裝有冷水的大湯鍋內，煮至沸騰。取出雞爪和雞骨架，把水倒掉。接著再把薑、泡香菇的水、雞爪和雞骨架放入同一個大湯鍋內。加入過濾水，煮至微滾。慢煮 3～6 小時，煮愈久愈好。煮好後，用篩網過濾雞湯，並丟掉雞骨架、雞爪和薑。

將 2 公升的雞湯倒入大平底深鍋內，加入海帶芽、鹽、芝麻油、蝦米（若有使用的話）和白胡椒粉。煮至微滾後，慢煮約 5 分鐘。

在一個碗裡打蛋，然後用 4 個溫熱的餐碗分裝雞湯，最後把蛋液拌入湯內。

難易度：值得努力

雞骨

# TO THE SOUL
碗裡的療癒滋味

# 中式雞湯泡麵
## CHINESE CHICKEN AND INSTANT NOODLE SOUP

4 人份

**148**

難易度：
值得努力

雞骨

4 公升過濾水或礦泉水

1 隻全雞，切塊（見第 12 頁）

3 顆白洋蔥，切成 4 等分

3 瓣大蒜，帶皮搗碎

1 根紅蘿蔔，對切

3 根青蔥，切成細蔥花

1 大匙馬爾頓海鹽

1 大匙黑胡椒粒

1 顆八角

2 大匙生抽

**裝飾**

2 顆蛋

1 包泡麵

2 根青蔥，切成蔥花

½ 小匙烘焙芝麻油

**搭配**

是拉差辣椒醬或任何你喜愛的辣油

任何你喜愛的綠色蔬菜（可省略）

這是一道一鍋到底的雞湯料理，你可以用非常小的火慢煮，就算放著煮幾個小時忘了顧，也沒關係。做法非常容易，但完成的湯頭清澈無比，不僅純淨，也富含風味。泡麵能為整道料理增添嚼勁，再搭配溏心蛋，就成了一道美味又令人滿足的午餐或宵夜。是拉差辣椒醬可依個人喜好添加，如果你不喜歡太辣，可直接省略，或是也可改用你喜歡的辣油。

將過濾水倒入大湯鍋內，然後加入雞肉塊和其他材料。煮至沸騰，並用湯匙撈除任何的浮渣。把火轉小，慢煮 3～6 小時；煮愈久味道愈好。湯應該會收乾許多。

煮好後，用篩網過濾雞湯，並取出所有煮湯的材料，靜置一旁。待雞肉塊放涼後，用手盡量把所有的肉都取下來，然後放在一旁備用。

用另一個鍋子裝水煮滾後，把蛋放入煮 6 分鐘，然後把蛋取出放涼，再剝殼對切，置於一旁備用。

按照泡麵包裝上的指示煮麵，然後用 4 個中式湯碗分裝。

倒入熱騰騰的雞湯，放上對切的溏心蛋，並撒上蔥花和一點芝麻油。最後淋上是拉差辣椒醬或任何你喜愛的辣油。如果你喜歡，可以在旁邊放一些綠色蔬菜。

# 大衛媽媽的猶太雞湯

## DAVID'S MUM'S JEWISH CHICKEN SOUP

6 ～ 8 人份

**150**

難易度：
值得努力

1 隻老母雞

1 副雞骨架

1 束西芹

2 根防風草（Parsnip）

4 根韭蔥

3 大顆洋蔥

5 大根紅蘿蔔

2 瓣大蒜

1 束巴西里

2 滿大匙（堆成小山形狀）猶太雞湯綜合調味料

250 克義大利細麵（Vermicelli）或碎麵（Broken pasta）（可省略）

些許檸檬汁

**無酵麵丸子（MATZO BALL）**

275 克中包無酵薄餅粉（Matzo meal）

6 顆蛋

100 克凝固的雞高湯油脂（見食譜）

20 毫升雞湯

1 大匙猶太雞湯綜合調味料

鹽，適量

雞
骨

大衛是我的事業夥伴，也是我的好兄弟，我們共同創立奇肯薩爾餐廳和奇肯速食這兩個炸雞品牌。我曾有幸受邀到他父母家享用猶太新年晚餐，發現他媽媽煮的菜超級無敵美味。她烤的起司蛋糕是我吃過最好吃的。事實上，我吃到的所有料理都好吃到不行。大衛的媽媽是猶太人，但在埃及出生，因此料理風格較受北非影響。

這是她的雞湯食譜，也是我有史以來喝過味道最棒的雞湯，因此我問她是否能把這道食譜加到書中，當她答應時，我真是開心極了。現在，我要和你們分享這道美味的雞湯。

我強力推薦你用老母雞烹煮，因為牠們的肉味比較重，能為雞湯帶來更具深度的風味。老母雞在任何一個清真認證的肉販那裡都買得到。湯裡的無酵麵丸子則是運用提煉的雞油（見第 23 頁）製作而成。你不用等到猶太新年再做這道雞湯，身體不舒服時也可以喝，保證會讓你變得較有元氣。

用大的平底湯鍋水煮老母雞和雞骨架，煮到沸騰後繼續滾煮，並撈除表面所有的浮渣，直到湯變清澈為止。

加入所有的蔬菜和猶太調味料，然後把火轉小，慢煮 3 小時。用細孔篩網把湯過濾到碗內，靜置放涼後，放入冰箱冷藏。待油脂凝固於表面後，將這些浮油撈起，準備用來做無酵麵丸子。

開始製作麵丸子。在一個大碗內打蛋，然後加入其他所有的材料混合均勻。放入冰箱冷藏，待麵團變結實後取出，用沾濕的手揉成 16 顆麵丸子。

用一個大鍋子裝鹽水，煮至沸騰後，加入麵丸子煮 5 ～ 6 分鐘。煮好後把水瀝掉，置於一旁備用。

準備進行最後的步驟。把湯倒入大鍋子內煮滾，然後加入無酵麵丸子煮 5 ～ 10 分鐘。你也可以加入義大利細麵或碎麵一起煮熟。最後擠一些檸檬汁進去，就可以上桌了。

雞 皮

# BUBBLE
# BUBBLE
# BUBBLE

泡泡

# 泰式雞皮炒河粉
## CHICKEN SKIN PAD THAI

2 人份

1 小匙蝦米（可省略）

120 克已煮好的河粉

2 大匙雞油（見第 23 頁）或芥花油

200 克雞大腿或雞胸絞肉

1 顆蛋

50 克醃燻百頁豆腐

1 把豆芽，另外再準備一些用來搭配

100 克炸雞皮（見第 21 頁），壓碎

2 大匙無鹽花生，切碎

**醬汁**

150 毫升羅望子汁（見第 62 頁）

90 克椰糖塊，削成薄片

40 毫升魚露

**搭配**

1 小把烘烤過的鹹花生

1 大匙韭菜末

2 個萊姆角

如果你隨便問一個人知道哪些泰國料理，泰式炒河粉應該會是其中一個答案吧！這是一道泰國街頭小吃，因為價格便宜而受到歡迎。其起源時間為 1930 年代，也就是泰國從暹羅改名為泰國之際。在那段期間，泰國將重心擺在建設國家與提升國家認同上。也因為如此，當時的首相舉辦了一場徵選「國菜」的比賽，結果泰式炒河粉成了獲獎的參賽作品。

這是一道集結了酸、甜、鹹味的河粉料理，然而在英國，大多數泰式餐廳的炒河粉味道一點都不道地，通常都太甜，而且缺少羅望子汁的酸味。泰式炒河粉可用雞肉、豬肉或大蝦來製作，但我想到了一個新鮮的點子，那就是改用酥脆的雞皮入菜。香酥的炸雞皮（見第 21 頁）用來炒河粉效果非常好，因為能和花生一起為柔軟的河粉，增添爽脆口感。只要基底確實完成，你可以依自己的喜好增減任何肉類。泰式炒河粉在任何時刻享用都很適合，如果週末的早午餐想換個口味，也可以試試這道料理。

若有使用蝦米，就先用一小碗滾水浸泡 1 小時，再把水瀝乾，置於一旁備用。

此時，開始製作醬汁。將羅望子汁和糖倒入小的平底深鍋內，用小火加熱 3 分鐘，直到糖溶解為止。用攪拌器拌入魚露，混合均勻後，置於一旁備用。

接著開始處理河粉。將河粉放入碗內，倒入足以覆蓋其表面的滾水，靜置約 30 分鐘。待河粉泡軟後，把水瀝掉，置於一旁備用。

用中大火加熱中式炒鍋，加入雞油或芥花油熱 1～2 分鐘，直到開始冒煙為止。加入雞絞肉炒 8～10 分鐘，邊炒邊用鍋鏟翻攪，使絞肉散開。

把絞肉推到鍋子的一側，然後打蛋進去，不要翻動，讓它煎到邊緣酥脆為止。加入煙燻百頁豆腐、豆芽和蝦米（若有使用的話），然後把蛋翻面，用鍋鏟攪散。將所有食材和雞絞肉、蝦米一起翻炒。加入河粉，接著拌入醬汁，快炒 30 秒。在最後一刻加入壓碎的炸雞皮和切碎的花生，翻炒使食材充分混合。

炒好的河粉用溫熱的盤子盛裝，並放上額外準備的豆芽、鹹花生、韭菜末和萊姆角。

難易度：還算輕鬆

雞皮

曲目九

# 藍紋起司沙拉佐醋醃蘋果和雞皮酥
## BLUE CHEESE SALADWITH PICKLED APPLE & CRISPY CHICKEN SKIN

4 人份

難易度：
還算輕鬆

雞
皮

**醋醃蘋果**

2 顆澳洲青蘋果（Granny Smith）

50 克細砂糖

50 毫升水

50 毫升蘋果醋

**藍紋起司沙拉醬**

100 克聖艾格藍紋起司（St Agur blue cheese）

65 毫升白脫牛奶或原味優格

65 克日本丘比美乃滋

1 大匙蘋果醋

1 撮鹽

**沙拉**

2 顆小寶石蘿蔓萵苣，去除外層的葉子

50 克煙燻斑條培根切片，煎到酥脆

50 克雞皮酥（見第 21 頁）

蝦夷蔥花，用來點綴

聖艾格是一種富有奶香的市售藍紋起司，在「食品雜貨店」都買得到。它是法國知名洛克福藍紋起司（Roquefort cheese）的現代變化版，但風味不像洛克福那麼強烈，奶香也濃郁多了，很適合用來製作美味的藍紋起司沙拉醬。

我的奇肯薩爾餐廳從開張第一天就在使用這個沙拉醬，因為我們認為它和酥脆的炸雞是絕配。醋醃蘋果為沙拉添加酸味和額外的清脆口感，不過就算只用新鮮的澳洲青蘋果切成細條來搭配，也會有很好的效果。

這道藍紋起司沙拉極致美味，裡面加了許多可口爽脆的食材（例如培根、切成楔形的結球萵苣，或小寶石蘿蔓萵苣），還有香濃的沙拉醬。撒在沙拉上的雞皮酥更增添鹹香酥脆的好滋味。這道沙拉可一人獨享，也可裝在大碗內，和書中的其他料理搭配成一桌好菜。

開始製作醋醃蘋果。用削片器或手工將蘋果切成薄片。把糖、水和醋倒入中等大小的鍋子內煮滾，然後關火，放入冰箱內徹底冷卻。將蘋果片切成細條，放入冷卻的醃泡汁裡，置於一旁備用。

接著開始製作沙拉醬。將所有材料放入食物調理機內，打成滑順的質地。置於一旁備用。

最後開始準備沙拉。仔細地將小寶石蘿蔓萵苣的葉片分開，以保持完整形狀，然後將葉片放入大碗內。

加入些許沙拉醬，拌勻使所有葉片都蘸附醬汁。接著加入蘋果條，再拌一拌。把沙拉堆放在冰涼的餐盤上，撒上培根。用手把雞皮酥壓碎，撒在上面。最後，撒上大量的蝦夷蔥花做為裝飾。

# 中式鷹嘴豆泥搭配雞皮餅乾
## CHINESE HUMMUS
## WITH CHICKEN SKIN CRACKERS

6 ~ 10 人份

1 公斤雞皮，刮除油脂
馬爾頓海鹽

**鷹嘴豆泥**
150 克乾燥的鷹嘴豆
1 小匙小蘇打粉
2 瓣大蒜，帶皮
2 大匙加上 2 小匙檸檬汁
75 克中式芝麻醬
75 克白味噌
2 大匙冰水
½ 小匙孜然粉
1 大匙烘焙芝麻油

**搭配**
2 大匙狂暴辣油（見第 182 頁）
蝦餅（可省略）

雞皮度：
值得努力

首先，這道食譜完全不是起源自中國，只是為了讓平常吃到的鷹嘴豆泥多點有趣變化，才融入中式口味。我把傳統上用來製作鷹嘴豆泥的中東芝麻醬，換成中式芝麻醬，並加入白味噌，讓整道料理呈現獨特鮮明的風味。如果你有壓力鍋，就用它來煮生的鷹嘴豆，這樣比較容易把豆子煮到軟爛熟透。但如果沒有壓力鍋，用一般的鍋子也可以，只要確保豆子完全煮熟就行了，否則做出來的鷹嘴豆泥會有粉筆灰的質地，並帶有顆粒感，吃起來口感不是很好。

我用這道鷹嘴豆泥搭配酥脆的雞皮餅乾，味道棒極了，但準備起來需要花一些工夫。所以如果你要為一大群人準備這道料理，用蝦餅代替雞皮餅乾也會很有趣。

開始製作鷹嘴豆泥。將鷹嘴豆和 ½ 小匙小蘇打粉放入中型的碗內，倒入足以覆蓋其表面的冷水。浸泡一整夜，直到鷹嘴豆膨脹成兩倍大。

隔天，開始料理雞皮。將烤箱預熱至攝氏 160 度。

把一些防油蠟紙剪成淺烤盤的大小，然後放一張在烤盤底部。鋪一層已刮除油脂的雞皮在蠟紙上，撒上海鹽。接著在雞皮上再放一張蠟紙，然後重複同樣的步驟，直到所有的雞皮都鋪好，並調味完成。

在最上方再放一張蠟紙，然後用另一個相同大小的烤盤壓著。放入烤箱烤約 30 ~ 40 分鐘，過程中偶爾要檢查一下，烤到雞皮金黃酥脆為止。置於一旁備用。

將泡好水的鷹嘴豆瀝乾，再用流動的冷水沖洗，然後和剩餘的小蘇打粉一起加入大的平底深鍋內。倒入足以覆蓋其表面的冷水，煮至沸騰。接著把火轉小，慢煮 45 ~ 50 分鐘，直到鷹嘴豆變軟為止。瀝乾水分後，置於一旁備用。

將大蒜、2 大匙檸檬汁、芝麻醬和白味噌放入食物調理機內，打成滑順的質地。接著以一次加 1 大匙的方式慢慢加入冰水，並持續攪打，直到醬汁變白變稠為止。

加入已煮好的鷹嘴豆、孜然粉和芝麻油，繼續攪打約 4 分鐘。如果太濃稠，就再加一點水。用剩下的檸檬汁調味後，把鷹嘴豆泥刮起放入碗內。

用湯匙將辣油淋在鷹嘴豆泥上，即可搭配雞皮餅乾享用。若用蝦餅取代雞皮餅乾，味道也會一樣美味。

雞
皮

曲
目
九

中式鷹嘴豆泥搭配雞皮餅乾

# 西安辣味炸雞皮
## XIAN-SPICED CHICKEN SCRATCHINGS
6 ～ 10 人份

難易度：
值得努力

雞
皮

100 毫升芥花油
1 公斤多脂肪的雞皮
500 毫升芥花油，用來油炸

**西安辣味粉**
25 克乾燥的紅辣椒
50 克孜然籽
50 克香菜籽
1 大匙花椒粒
1 大匙紅糖
½ 小匙味精（可省略）

我還記得小時候伯明罕的油炸食品工廠傳出來的味道。裝在大桶子裡炸到冒泡的豬皮，並不是那麼好聞，不過它們吃起來比聞起來要美妙多了。

在這道食譜中，我採用了相同的料理方式，用雞皮本身的油脂來煸雞皮。這種技巧在法國料理中稱為「油封」。也因此在做這道料理時，你需要使用雞腿周圍和雞腔下方富含脂肪的雞皮。這道炸雞皮很適合做為派對上的小點心，或是在電影之夜搭配啤酒享用。

將 100 毫升芥花油和雞皮倒入又深又大的冷鍋裡，用最小的火加熱 60 ～ 90 分鐘，直到雞皮釋出所有的油脂為止。雞皮應該會變成金黃色，並浮在油的表面。

將煉好的油過濾乾淨，倒入罐中冷藏保存，日後做其他料理時可以使用。

開始製作辣味粉。用無油煎鍋以小火烘烤辣椒 2 ～ 3 分鐘，直到辣椒稍微變黑，並釋放油脂為止。取出靜置。接著將其他所有的香料放入鍋中烘烤 2 ～ 3 分鐘，或烤到散發香味為止。取出放涼，然後將所有的香料連同辣椒放入研磨缽內，磨成粉狀。

開始進行最後的步驟。將 500 毫升芥花油倒入油炸鍋中，加熱至攝氏 170 度，或是丟一塊麵包屑進去，在 30 秒內嘶嘶作響即可。分批油炸雞皮 2 ～ 3 分鐘，然後取出，放在紙巾上瀝油。

雞皮放涼後會變得酥脆。等降到室溫變酥脆後，將雞皮移到碗內，撒上大量的辣味粉，然後拌一拌，使雞皮均勻裹粉，就完成了。

# 8262 FULL

雞 蛋

# 女婿蛋
## SON-IN-LAW EGGS
1 人份

200 毫升芥花油

1 瓣大蒜

1 顆紅蔥

2 顆蛋

1 片市售的印度抓餅（Paratha）或印度煎餅（在優質的印度超市裡能買到）

1 根長的新鮮紅辣椒，切片

香菜、泰國羅勒和薄荷各 1 把，撕碎

1 大匙切碎的烤花生

**沙拉醬**

2 大匙泰式魚露

2 根紅鳥眼辣椒，切成細末

140 克椰糖

65 克羅望子果肉

2 大匙水

這是一道經過我改編的泰國小吃。根據傳說，女方父母會為剛加入他們家族的女婿準備這道菜，以「警告」他要好好對待他們的女兒！我不確定這是不是真的，不過女婿蛋真的很美味。甜、鹹、酸交織的沙拉醬完美呼應了蛋、香草及所有的酥脆配料。這道料理做起來超級簡單，很適合在慵懶的週末當成早餐或午餐享用。

開始製作沙拉醬。將所有材料放入小的平底深鍋內混合後，用中火加熱 5 分鐘，直到糖溶解變成淡糖漿的質地為止。放在一旁保溫備用。

把油倒入較淺的平底深鍋內，加熱至攝氏 160 度，或是丟一塊麵包屑進去，在 40 秒內嘶嘶作響即可。在此同時，將大蒜盡可能削成薄片，若能使用日式削片器最好。紅蔥也以相同的方式處理。一旦油熱了後，放入蒜片炒 1 分鐘，直到變得金黃酥脆為止。

用漏勺取出蒜片，置於紙巾上瀝油，接著將紅蔥片放入鍋中炒 2～3 分鐘，直到變得金黃酥脆為止。取出置於紙巾上瀝油。

用大的煎鍋以中火熱油，加熱到非常燙的狀態後，很快速地煎一下蛋，使邊緣酥脆、蛋黃仍保持柔軟。

將印度煎餅放入另一個無油煎鍋內，烤 2 分鐘，使餅變得金黃酥脆，然後取出移到盤子上。把煎好的蛋放到印度煎餅上，接著淋上大量的沙拉醬。撒上酥脆的紅蔥片、蒜片和辣椒片，並用香草與碎花生裝飾。

難易度：
還算輕鬆

雞蛋

# 辣雞肉歐姆蛋三明治佐參巴醬
## SPICED CHICKEN OMELETTE SANDWICH WITH SAMBAL OELEK

2 人份

難易度：
值得努力

雞蛋

5 顆蛋，打成蛋液

250 克雞絞肉

1 大匙馬德拉斯咖哩粉（見第 116 頁）

½ 顆紅洋蔥，切成細末或磨泥

1 大匙蒜泥

1 大匙生薑泥

1 撮鹽

2 個軟的潛艇麵包

1 大匙芥花油

25 克奶油

**參巴醬**

50 克新鮮紅辣椒

90 克生薑塊，去皮

1 根香茅莖，去除粗硬外層

90 克蒜瓣

90 毫升米醋

120 克糖

½ 大匙萊姆皮

鹽

**裝飾**

½ 根小黃瓜，切片

2 顆番茄，切片

1 顆小的紅洋蔥，切成薄片

1 把萵苣絲

4 根青蔥，切成細蔥花

1 根新鮮紅辣椒，切成薄片

**這道三明治的靈感是來自馬來西亞經典街頭小吃 —— 約翰麵包（Roti john）。我加了一些變化，改以雞絞肉取代一般所使用的豬肉或牛肉。這道辣味十足又有飽足感的三明治，在任何時刻享用都很適合。你可以自己決定要吃多辣，只要調整參巴醬的用量即可。最好使用柔軟的潛艇麵包，而不是脆硬的長棍麵包，這樣三明治會比較好吃。**

開始製作參巴醬。用食物調理機混合辣椒、薑、香茅莖和大蒜，並在攪打過程中慢慢加入醋，直到打成滑順的泥狀為止。

將打好的參巴醬移到平底深鍋內，用中火煮滾，過程中注意不要讓它焦掉。一旦煮滾就將火轉小，加入糖攪拌到溶解為止。

將鍋子移離爐架，加入萊姆皮並用鹽調味。靜置放涼，使其溫度降到室溫。最好將參巴醬冷藏一天後再使用。

將蛋、雞絞肉、咖哩粉、洋蔥、大蒜、薑和鹽放入大碗內，徹底混合均勻。將潛艇麵包縱切成兩半，然後將大量的雞絞肉餡料塗抹在切面上，兩邊都要塗抹。

用中火加熱大的煎鍋，先加入芥花油，再加入奶油。當奶油開始冒泡時，放入麵包，有塗餡料的那一面朝下，並用鍋鏟的背面將麵包往下壓。煎 6～8 分鐘，直到肉全熟為止。過程中注意不要讓奶油燒焦。

盛盤時，先將其中一半的潛艇麵包放在大盤子上，依照你敢吃辣的程度淋上適量參巴醬。接著放上小黃瓜片、番茄片、紅洋蔥片，再撒上萵苣絲、蔥花和辣椒片。最後用另一半麵包蓋住，切成 3 份，就能上桌了。

# 太陽屋的辣起司太陽蛋
## THE SUN HOUSE FRIED CHILLI EGGS

1 人份

1 大匙芥花油

½ 顆紅洋蔥，切成細丁

2 根青鳥眼辣椒，切末

2 顆非常熟的番茄，切丁

2 顆蛋

30 克磨碎的淡味切達起司

1 大匙切碎的香菜

鹽和現磨黑胡椒粉

乾燥辣椒片，用來裝飾（可省略）

溫熱的印度煎餅或高品質的酸種吐司，用來搭配

難易度：
易如反掌

斯里蘭卡的太陽屋（Sun House）應該是我在這個世界上最愛的飯店，其經營者傑佛瑞 · 達布斯（Geoffrey Dobbs）是我的好友，同時也是全世界最棒的飯店老闆。太陽屋有我所見過最美的露臺景觀餐廳。我很幸運曾在那裡當過一次客座廚師，而那也是我有史以來最美好的一次料理經驗。早上會有猴子來打招呼，傍晚則有知名的迪克酒吧（Dick's bar），在晚餐前供應以亞力酒（Arak）調製的酸雞尾酒。

這道辣起司太陽蛋和一般的培根煎蛋一起放在早餐菜單上，是我每去必點的餐點，不僅超級容易製作，也非常適合做為週末早餐或午餐的另一種美味選擇。建議你可以試試傑佛瑞的吃法，搭配熱騰騰的奶油吐司和青辣椒一同享用。

將燒烤爐預熱至中高溫。

用中火加熱適用於烤箱的煎鍋，並加入芥花油。待油熱後，加入洋蔥與辣椒炒數分鐘，使水分釋出，接著加入番茄，再炒 2 ～ 3 分鐘。

將鍋中食材堆成如兩個井，然後把蛋打入井內。將磨碎的起司撒在蛋上面，然後把煎鍋移到燒烤爐上，烤約 2 ～ 3 分鐘，直到起司稍微融化、蛋黃仍保持柔軟為止。

用鍋鏟將太陽蛋移至溫熱的餐盤上。撒上香菜、鹽、黑胡椒粉和乾燥辣椒片（若有使用的話），然後附上溫熱的印度煎餅或酸種吐司。

雞蛋

曲目十

# TAKE A WALK ON THE SUNNY SIDE

漫步在太陽下

# 泡菜玉米麵包餅鬆餅
## 佐蜂蜜奶油醬與太陽蛋
### KIMCHI CORNBREAD WAFFLES
### WITH HONEY BUTTER AND FRIED EGGS

1～2 人份

難易度：
值得努力

雞
蛋

1 大匙芥花油，用來煎蛋

每人 2 顆蛋

**鬆餅**

90 克中筋麵粉

90 克粗玉米粉（Cornmeal）

15 克紅糖

½ 小匙泡打粉

2 顆蛋

70 毫升全脂牛奶

65 毫升韓國泡菜汁

10 克融化的奶油

90 克韓國泡菜，切碎

1 小匙馬爾頓海鹽

中性油 [32]（Neutral oil）或培根油，用來替鬆餅模具上油

**蜂蜜奶油醬**

50 克無鹽奶油

50 克蜂蜜

**搭配**

1 ～ 2 大匙市售韓國泡菜

是拉差辣椒醬，適量

韓式辣椒粉，用來點綴

你幾乎可以把任何食材都放入鬆餅烤模內；鬆餅可以有許多變化，而不是僅限於比利時風格的那種香甜鬆餅。在此，我運用粗玉米粉製作出鹹味的鬆餅麵糊，並在裡面加了韓國泡菜。接著，做好的鬆餅會淋上大量的蜂蜜奶油醬，並搭配香煎太陽蛋。如果你想和我平常一樣搭配培根，就這麼做吧，不用客氣。如同這本書的所有雞蛋料理，這道鬆餅不論是當成早餐、午餐或甚至晚餐，都沒問題。

開始製作鬆餅。在一個大碗內混合麵粉、粗玉米粉、糖和泡打粉。在另一個碗內攪打蛋、牛奶和泡菜汁，接著加入融化的奶油，調合成滑順的糊狀。將泡菜拌入，並加入 1 撮鹽調味，然後倒入剛才混合好的乾粉，混合均勻。

加熱鬆餅機，並在烤模表面塗一層薄薄的油。待烤模變熱後，舀取麵糊倒入，然後關上蓋子，烤到鬆餅呈金黃色、邊緣稍微有點脆為止，或是烤到鬆餅機的綠燈亮起即可。

接著製作蜂蜜奶油醬。在一個小的平底深鍋加入奶油和蜂蜜，用小火加熱 2 分鐘，同時充分攪拌，使醬汁稍微變得濃稠。完成後置於一旁備用。

用一個大的煎鍋以大火熱油，然後把蛋打入。煎蛋的過程要盡量迅速，這樣才會煎出邊緣酥脆、蛋黃濕軟的太陽蛋。將鬆餅從烤膜中移到盤子上，淋上大量的蜂蜜奶油醬。

接著把太陽蛋放在鬆餅上，搭配一點泡菜和是拉差辣椒醬，最後撒上韓式辣椒粉。

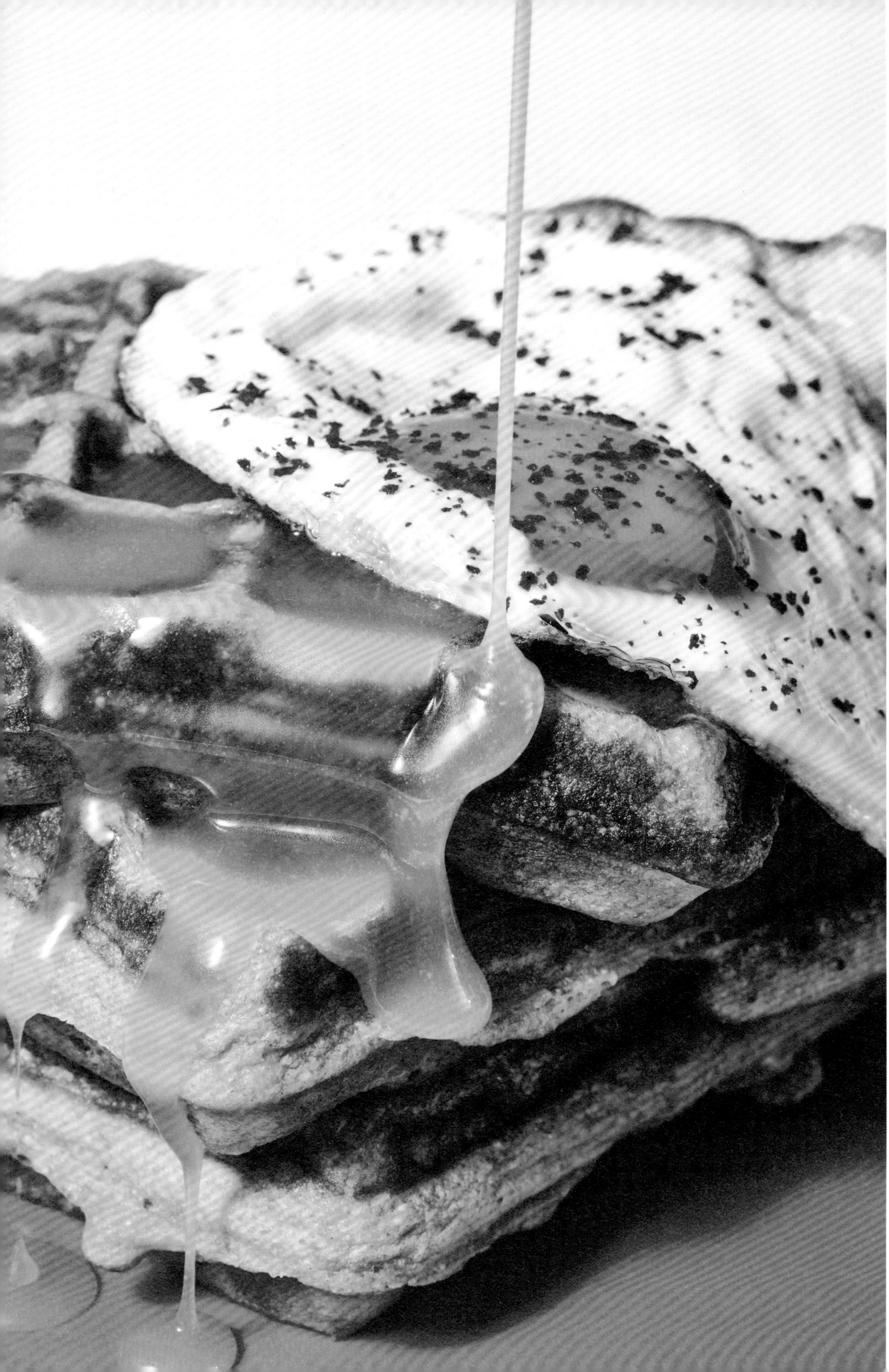

漬物

PICKLES8

辣漬鳳梨芒果

醃西瓜皮

# 辣漬鳳梨芒果
## SPICY MANGO AND PINEAPPLE PICKLE

1 罐

1 小匙孜然籽

1 小匙香菜籽

1 小匙黑芥末籽

10 顆黑胡椒粒

3 大匙芥花油

2 小顆洋蔥，切碎

1 顆鳳梨，去皮去芯，切成 1 公分小丁

2 大顆成熟的芒果，去皮去核，切成 5 公釐小丁

1 根長的新鮮紅辣椒，切碎

1 塊拇指大小的生薑，去皮磨泥

50 克椰棗或無花果乾，切成小塊

1 大匙馬爾頓海鹽

100 克椰糖或黑糖

150 毫升蘋果醋

½ 小匙克什米爾紅辣椒粉

這道我非常喜歡的漬物，靈感是來自我對印度美食的熱愛。鳳梨與芒果的甘甜果香和所有的香料搭在一起，味道既和諧又美妙。克什米爾紅辣椒粉顏色鮮豔，且帶有濃郁的香氣。料理時，切記要以小火慢慢烹煮，這樣辣椒粉才不會黏鍋，導致味道因燒焦而變苦。這是一道酸甜黏稠的漬物，非常適合搭配「我的週日夜雞肉馬德拉斯咖哩」（見第 116 頁）或任何其他你喜愛的咖哩。冷藏可保存 3 個月。

將孜然籽、香菜籽、芥末籽和黑胡椒粒倒入無油煎鍋內，烘烤 2 分鐘，或烤到香氣釋出為止。

用一個平底鍋或中式炒鍋以中火熱油，把烘烤過的香料加入油鍋內煮 2 分鐘，直到香料開始發出爆裂聲為止。

放入洋蔥、鳳梨、芒果、辣椒和薑煮至熟透，過程中要不時翻攪。接著加入果乾、糖、醋和辣椒粉，煮至沸騰後，把火轉小，慢慢燉煮 25 ～ 30 分鐘，過程中要偶爾翻攪。

將煮好的食材裝入已殺菌的基爾納密封罐內，放進冰箱冷藏，存放時間可長達 3 個月。

# 醃西瓜皮
## PICKLED WATERMELON RINDS

1 罐

300 克西瓜皮

**醃漬汁**

100 毫升高品質的蘋果醋或米醋

100 克細砂糖

100 毫升礦泉水

1 塊拇指大小的生薑，去皮，切片

1 顆八角

1 大匙花椒粒

½ 片昆布，撕成小片

數年前，我在美國喬治亞州的薩凡納工作時，第一次吃到醃西瓜皮。這種漬物是以罐裝的方式販售，在美國南部非常受歡迎。

在奇肯薩爾餐廳裡，我們有泰式西瓜沙拉和醃西瓜塊搭配炸雞。這些餐點從開店的第一天就出現在菜單上，永遠也不會消失。我們在餐廳裡也會用酸酸甜甜的薑味醋汁醃漬西瓜皮，並在客人就座後，送上桌做為小菜。料理西瓜皮的祕訣是要煮得夠久，這樣堅硬的皮才會軟化，使口感變成鬆脆。這道漬物很適合做為配菜，或是用來搭配世界上任何一種炸雞。

用非常銳利的刀子或削片器，將西瓜皮橫切成寬度不超過 2 公釐的薄片。

除了昆布，將其他所有的醃漬汁材料放入大的平底深鍋內，用中火煮至微滾。慢燉 15 分鐘，或煮到西瓜皮軟化但仍帶有脆感。一旦煮好，就將鍋子移離爐架，靜置放涼，使溫度降到室溫的狀態。

待變涼後，將西瓜皮連同醃漬汁一起裝入已殺菌的基爾納密封罐內，加入昆布，蓋上蓋子，靜置讓西瓜皮醃至少 24 小時。可存放約 3 個月，而且放愈久味道愈好。

難易度：
易如反掌

漬物

曲目十一

# 馬來西亞娘惹醃菜
## MALAYSIAN NYONYA PICKLES RINDS

1 罐

難易度：
易如反掌

5 大匙芥花油

300 克小黃瓜，帶皮，切成 2.5 公分小段，去籽

150 克大白菜，切成 2.5 公分小片

50 克紅蘿蔔，切成 5 公釐寬的細條

100 克四季豆，縱切成兩半

50 克壓碎的烤花生

鹽，適量

細砂糖，適量

### 娘惹辣醬

5 顆紅蔥

12 根長的新鮮紅辣椒

1 公分長的新鮮薑黃，去皮

10 顆腰果

120 毫升羅望子汁

漬
物

這些醃菜可口爽脆，充滿不同的風味，不僅帶有碎花生的堅果香，而且相較於大多數的漬物，口感較乾。新鮮薑黃為娘惹辣醬帶來芬芳香氣，若你能買到這個食材，真的很值得一用。此外，辣椒的辛辣以及腰果和羅望子汁的酸奶油味，也使辣醬呈現出豐富的層次。

開始製作辣醬。除了羅望子汁，將其他所有材料放入食物調理機內，打成滑順的質地。

用中式炒鍋以中火熱油，油熱後加入辣醬，炒 10 分鐘，直到顏色變金黃且釋出香氣為止。接著加入羅望子水，煮到沸騰。加入蔬菜和花生，然後關火靜置，讓食材在醃漬汁中徹底變涼。

將醃菜與醃漬汁裝入已殺菌的基爾納密封罐內，可當天食用，也可等到隔週再吃，味道會更好。可保存 3 個月。

# 麻辣風味 糖醋醃黃瓜
## SPICY AND NUMBING BREAD AND BUTTER PICKLES

1 罐

3 根英國黃瓜（English cucumber），切成 5 公釐厚的圓片

1 顆白洋蔥，切成薄片

2 大匙海鹽

### 醃漬汁

600 毫升蘋果醋

300 克紅糖

1 小匙黃芥末籽

2 大匙花椒粒

½ 小匙薑黃粉

4 根紅鳥眼辣椒，縱切成兩半

1 小匙韓式辣椒粉（可省略）

這是我用美式經典糖醋醃黃瓜變化出來的新口味。在美國，糖醋醃黃瓜經常會用來搭配煙燻BBQ 烤肉。這種口感爽脆的醃黃瓜味道酸甜，加在任何你喜歡的三明治裡，應該都非常適合。我的變化版多了辣椒的辛辣和花椒的香麻，我喜歡用它們搭配中式烤肉和白飯一起享用，例如我的「北京烤雞夾餅」（見第 30 頁）或「櫻桃可樂烤雞腿」（見第 111 頁），都是絕佳的選擇。

將小黃瓜和洋蔥放在濾盆內抹鹽，然後將濾盆放在托盤或碗上，靜置 3～6 小時，讓小黃瓜和洋蔥出水。接著用流動的冷水沖掉鹽份，再稍微靜置一下等水瀝乾。

將所有的醃漬汁材料倒入大的平底深鍋內，煮至沸騰後，加入洋蔥和小黃瓜，再次煮滾。接著關火，靜置放涼後，移至已殺菌的密封罐內，放入冰箱冷藏可保存 1 個月。

# 不必等泡菜
## NO NEED TO WAIT KIMCHI

1 罐

1 公斤大白菜

100 克馬爾頓海鹽

½ 根帶皮小黃瓜，縱切成兩半，去籽後切成 5 公釐厚的薄片

3 根青蔥，切成 2 公分小段

芝麻，用來點綴

**泡菜醬**

5 大匙韓式辣椒粉

3 大匙大蒜細末

2 大匙薑泥

300 克白蘿蔔泥

1 大匙魚露

100 毫升芝麻油

5 大匙米醋

5 大匙細砂糖

這是一道美味又簡易的泡菜食譜，不需要花時間發酵，一下子就能完成。在此，訣竅是要把鹽徹底地塗抹在白菜葉上，並再用大量冷水把多餘的鹽份沖乾淨。不說你可能也已經猜到，我超愛韓國泡菜的。這種泡菜的用途千變萬化，不論搭配什麼食物幾乎都行得通。所以，不妨試著用它來搭配味道強烈的起司，做成泡菜熱壓吐司或營養的泡菜起司蓋飯吧！

先把大白菜切成 4 等分，再把每份都切成 2 等分，這樣總共就會有 8 份。把切好的大白菜放入碗內，加入海鹽，然後把鹽徹底抹到每片菜葉上。

用一個盤子蓋在碗上，靜置 24 小時，直到大白菜出水為止。用流動的冷水把大白菜上的鹽份沖掉，然後切成小片。

開始製作泡菜醬。將所有材料放入碗內攪拌。接著加入所有的蔬菜和青蔥混合均勻。將製作好的泡菜放在餐盤上，撒上芝麻，就可以上桌了。

# 醋漬洋蔥
## PINK PICKLED ONIONS

1 罐

3 大顆紅洋蔥，切成薄片

**醃漬汁**

1 小匙黑胡椒粒

1 小匙孜然籽

1 小匙乾燥的奧勒岡葉（如果買得到，最好用墨西哥奧勒岡葉）

4 瓣大蒜，壓碎

2 片月桂葉

1 小匙馬爾頓海鹽

150 毫升蘋果醋

150 克細砂糖

150 毫升礦泉水

多年來，我已經做醋漬洋蔥許多次，也在我所有的餐廳裡，以不同形式加以運用。在墨西哥，當地人會用醋漬洋蔥搭配所有的食物，包括墨西哥起司薄餅（Quesadilla）和塔可。如果醃製的步驟都做對了，洋蔥就會呈現鮮豔漂亮的粉紅色，用來當作配菜，會讓人看了心情愉悅。如果你能找到墨西哥奧勒岡葉，一定要試試看。這種香料在網路上應該買得到。它的風味比較強烈，較接近檸檬馬鞭草，而不是一般的奧勒岡葉。

將所有的醃漬汁材料放入大的平底深鍋中，煮至沸騰。在另一個大到足以裝入所有醃漬汁的耐熱容器裡，放入洋蔥薄片。一旦醃漬汁煮滾後，立刻倒到洋蔥薄片上。

用一個比較重的東西（例如小盤子）壓住洋蔥，然後靜置放涼，直到洋蔥降到室溫的狀態。

待洋蔥變涼後，放入冰箱冷藏一整夜。洋蔥應該會在數小時內，變成鮮豔的粉紅色。

這道漬物能保存至少 3 個月。

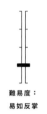

難易度：
易如反掌

漬物

馬來西亞娘惹醃菜

不必等泡菜

醋漬洋蔥

# SAUCES

醬汁

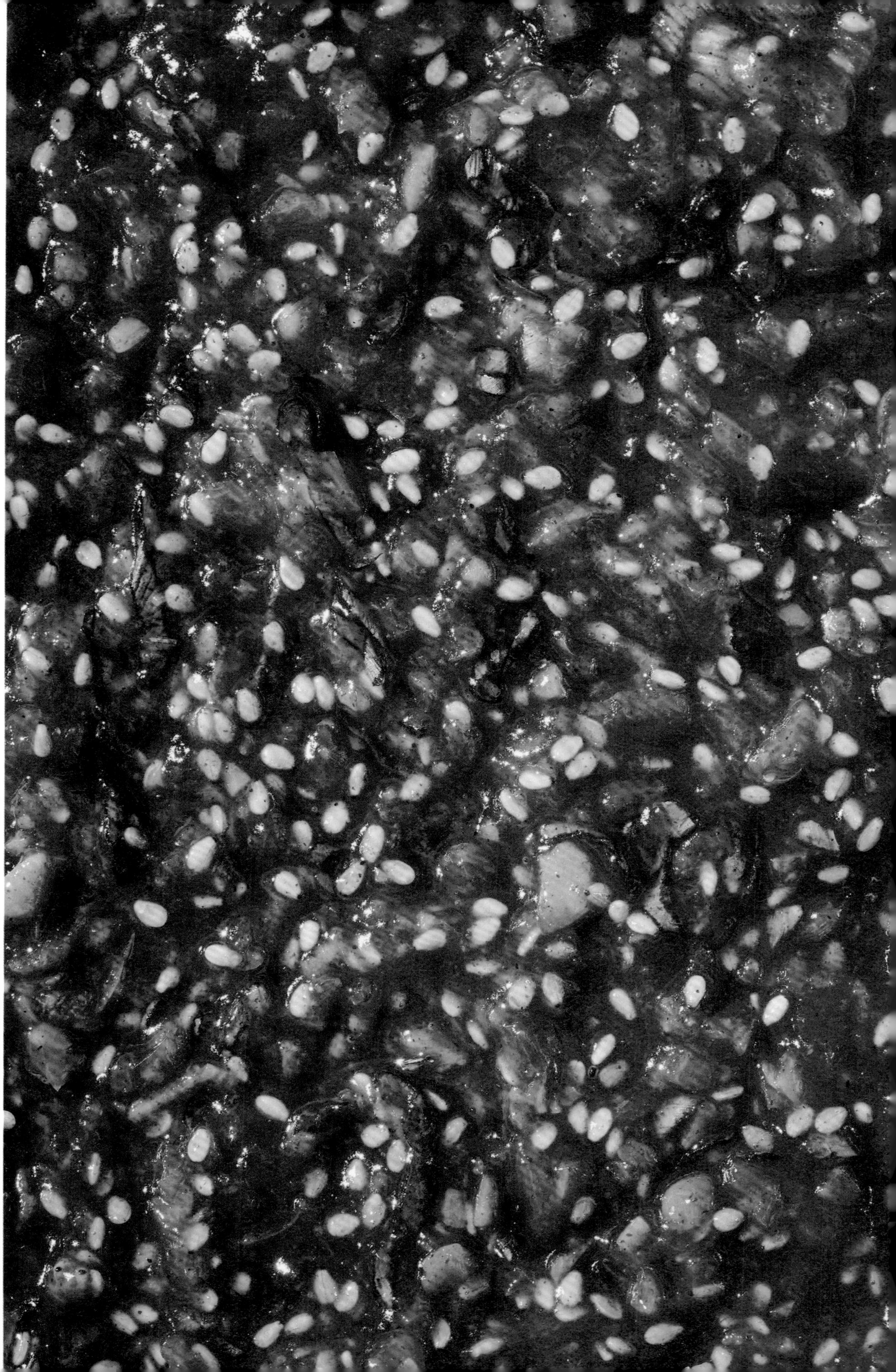

# 隨心所欲酸甜辣醬
## EVERYDAY SWEET, SOUR & SPICY AS YOU LIKE DRESSING

100 克

2 大匙蝦米（可省略）

2 瓣大蒜，切碎

1～6 根鳥眼辣椒，帶籽（如果你能吃辣的話！），切碎

3 大匙萊姆汁

1 大匙羅望子汁（見第 62 頁）

2 大匙魚露

3 大匙椰糖，若是椰糖塊就削成碎片

**這道泰式風味酸甜辣醬可隨你喜好調整辣度。用它搭配冰涼的西瓜吧！試過以後，你會感謝我的。**

用攪拌機將所有材料打成滑順的質地。裝入密封容器裡可保存 3 天。

# 創意包飯醬
## SSAMJANG RELISH

100 克

難易度：
易如反掌

1 大匙芥花油

1 小顆紅洋蔥，切成細丁

3 瓣大蒜，切成細末

100 克韓式包飯醬

1 大匙流質蜂蜜

2 大匙烤過的芝麻

50 克韓式辣醬

1 小匙芝麻油

4 根青蔥，切成細蔥花

**這道創新升級版的包飯醬味道鮮明獨特，非常適合用來代替烤肉醬，加在任何你喜歡的料理上，和酥脆的雞翅搭在一起特別對味。**

將芥花油倒入小的平底鍋中，以中火加熱，然後放入紅洋蔥炒1～2 分鐘。加入大蒜、包飯醬、蜂蜜和芝麻，煮 2 分鐘。

接著加入韓式辣醬和芝麻油，攪拌 1 分鐘，然後將鍋子移離爐架。加入青蔥混合均勻。

使用前先靜置放涼，使溫度降到室溫，或是放入冰箱冷藏。裝入密封容器內可存放 3 天。

醬汁

## 活力滿滿番茄醬
### 'ALIVE' KETCHUP
500 毫升

## 狂暴辣油
### EXPLOSIVE CHILLI OIL
500 毫升

**182**

難易度：
易如反掌

醬
汁

60 克黑砂糖

80 毫升水

2 罐 175 克的番茄泥

2 大匙生蘋果醋

2 大匙市售的乳清蛋白粉（可省略）

1 大匙韓式辣醬

⅛ 小匙肉桂粉

⅛ 小匙丁香粉

⅛ 小匙現磨黑胡椒粉

海鹽，適量

**這道經過發酵的辣味番茄醬相當美味，而且比市售的番茄醬還要健康營養多了！**

將糖和水加入小的平底深鍋內，用中火煮 5 分鐘，過程中要經常攪拌，直到糖溶解為止。

將糖水倒入耐熱的碗裡，加入剩餘的材料，混合均勻。

將醬汁裝入已殺菌的基爾納密封罐內，蓋上蓋子，置於室溫中發酵 2～5 天。可依照你的喜好調整天數，若喜歡味道強烈一點，就放久一點，但基本上要靜置到醬開始發酵冒泡為止。冷藏可保存 2 週。

270 克花生香辣油（推薦「老干媽」這個牌子）

50 克市售油蔥酥

100 克辣豆瓣醬

300 毫升辣油

1 大匙花椒粉

**這道辣油因為使用了辣豆瓣醬和油蔥酥，風味極具深度，不僅可做為另一種經典的水餃蘸醬，也很適合用來拌飯。**

將所有材料放入碗內攪拌均勻。裝入密封容器內可保存 6 個月。

活力滿滿

# 墨西哥風味 XO 醬
## ME XO SAUCE
500 毫升

75 克蝦米

1 根瓜希柳乾辣椒，縱切成兩半並去籽

2 根小的奇波雷煙燻乾辣椒，縱切成兩半並去籽

1 根安丘乾辣椒，縱切成兩半並去籽

10 克生薑片

1 瓣大蒜，去皮

1 顆紅蔥

1 根長的新鮮紅辣椒，切段

½ 小根中式香腸，切片

2 片火腿（任何種類皆可）

½ 枝肉桂棒

1 顆八角

2 小匙細砂糖

1 大匙紹興酒

100 毫升芥花油

2 小匙老抽

1 大匙魚露

1 小匙海鹽

½ 小匙壓碎的花椒粒

這道融合墨西哥風格的中式經典辣油，因為使用了墨西哥辣椒，而帶有豐富、強烈又嗆辣的風味。

用 1 碗水浸泡蝦米至少 1 小時（泡愈久愈好），直到蝦米膨脹為止。舀 2 大匙泡蝦米的水另外保留，然後把其餘的水瀝掉。

用大火加熱煎鍋，等鍋子變得非常燙時，加入乾燥的辣椒烘烤 2 ～ 3 分鐘，直到辣椒變得有點焦，並釋放出油脂為止。接著將辣椒移至一碗冷水內，浸泡約 30 分鐘，直到辣椒泡軟為止。

用食物調理機把薑、大蒜、紅蔥、新鮮辣椒和泡過水的蝦米打成細碎狀，然後加入香腸和火腿打成泥狀。置於一旁備用。

將保留下來的泡蝦米水倒入小的平底深鍋內。加入肉桂棒、八角、糖和紹興酒，煮至微滾，然後將鍋子移離爐架，靜置備用。

在另一個平底鍋內，加入剛才打好的蝦醬和 4 大匙油，用中火炒約 4 分鐘。倒入剛煮好的蝦米水，然後加入醬油和魚露，用小火慢煮 30 分鐘，過程中要經常攪拌，以免醬汁黏鍋或燒焦。加入剩餘的芥花油混合均勻，然後加入適量的鹽和花椒調味。

將鍋中的香料取出丟棄，接著將醬汁靜置放涼，再倒入已殺菌的基爾納密封罐內。可保存 6 個月。

難易度：
還算輕鬆

醬汁

184

隨心所欲酸甜辣醬

墨西哥風味 XO 醬

活力滿滿番茄醬

狂暴辣油

小 菜

2018

泰式西瓜沙拉

芝麻海帶芽拌小黃瓜

# 泰式西瓜沙拉
## THAI WATERMELON SALAD

4 人份

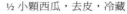

難易度：
易如反掌

½ 小顆西瓜，去皮，冷藏
（西瓜皮可留下來醃漬，見第 173 頁）

1 把無鹽烤花生，另外準備一些用來搭配

1 把香菜葉

1 把薄荷葉，撕碎

5 根青蔥，切成細蔥花

**沙拉醬**

2 大匙蝦米（可省略）

2 瓣大蒜，切碎

1 ～ 6 根紅鳥眼辣椒，切碎（用量取決於你多能吃辣！）

3 大匙萊姆汁

1 大匙羅望子汁（見第 62 頁）

2 大匙魚露

3 大匙椰糖塊，削成碎片

小菜

這是一道非常受歡迎的沙拉，有點特別，不像是一般預期會吃到的口味，因為當中不僅包含鹹、酸和西瓜的甜，也融入了鳥眼辣椒的辛辣。這道西瓜沙拉要冰冰涼涼的才好吃，所以記得在上菜的數小時前，先將沙拉碗放入冰箱冷藏。

開始製作沙拉醬。將所有材料用攪拌機打成滑順的質地。置於一旁備用。

接著準備沙拉。用一枝木籤將所有的西瓜籽挑掉。把西瓜切成 1 公分大小的方塊，放入大碗內。加入所有剩餘材料和大量沙拉醬，混合均勻。

將西瓜沙拉放入預冷好的碗裡，再撒上一些花生，就可以上桌了。

# 芝麻海帶芽拌小黃瓜
## SMACKED CUCUMBERS WITH SESAME AND SEAWEED

4 人份

1 根小黃瓜

1 大匙馬爾頓海鹽

10 克海帶芽（可省略）

1 塊拇指大小的生薑，去皮，磨泥

5 瓣大蒜，磨泥或切成細末

25 克細砂糖

50 毫升芝麻油

35 毫升生抽

50 毫升米醋

1 撮韓式辣椒粉，可省略

小黃瓜和海帶芽就像起司和洋蔥，是最佳良伴。爽脆的小黃瓜搭配鹹香又充滿鮮味的生薑芝麻沙拉醬，再加上一點韓式辣椒粉的辣度，非常開胃。

將小黃瓜用擀麵棍稍微敲裂，然後切成 5 公分小段。將小黃瓜放在濾盆內，撒上海鹽。靜置於室溫中醃至少 3 小時，若能放一整夜更好。

醃好後，將小黃瓜用流動的冷水沖洗乾淨，然後用紙巾拍乾。

將脫水海帶芽放入碗內，加入足以覆蓋其表面的冷水。靜置 20 分鐘，直到海帶芽恢復水分膨脹為止。

開始製作沙拉醬。除了辣椒粉，將其他所有材料放入碗內攪拌均勻，直到糖溶解為止。接著加入辣椒粉，置於一旁備用。

將小黃瓜移到碗內，淋上大量沙拉醬後，加入海帶芽充分混合，直到醬料均勻包覆在小黃瓜表面。用預冷好的小碗盛裝，即可上桌。

# 焦香花椰菜佐海苔美乃滋與醋醃蛋

## CHARRED BROCCOLI WITH SEAWEED MAYO
## AND PINK PICKLED EGGS

4 ～ 6 人份

800 克紫球花椰菜
鹽

**海苔美乃滋**
5 克海苔
170 克日本丘比美乃滋
1½ 小匙生抽
2 大匙白脫牛奶或原味優格
1 大匙水

**粉紅醋醃蛋**
500 毫升蘋果醋
500 毫升水
5 克馬爾頓海鹽
250 克細砂糖
½ 小匙茴香籽
½ 小匙丁香
½ 小匙香菜籽
½ 小匙乾燥辣椒片
200 克生甜菜根，去皮，磨泥
10 顆蛋

**這是一道色彩繽紛的小菜：醋醃蛋的蛋黃宛如耀眼的陽光，和紫色蛋白形成強烈對比。微焦的花椰菜則帶有煙燻風味，和海苔美乃滋是絕配。**

切除花椰菜梗的粗硬底部。準備一大碗冰水放在手邊。用大的平底深鍋煮鹽水煮到滾後，加入花椰菜氽燙 1 分鐘。接著將花椰菜取出，直接放入冰水中冷卻，這麼做能使顏色保持鮮豔。完成後置於一旁備用。

開始製作美乃滋。用香料研磨罐或攪拌機將海苔打成粉狀，然後移至碗內，加入所有剩餘的材料，徹底攪拌均勻後，置於一旁備用。

接著製作醋醃蛋。將醋、水、鹽、糖、香料和甜菜根泥倒入大的平底深鍋內，煮至沸騰，然後靜置放涼。

用另一個鍋子裝水煮滾後，放入雞蛋煮 7 分鐘，然後用流動的冷水把蛋沖涼。等蛋變涼後，仔細地剝殼，以保持完整形狀，然後把蛋放入醃漬汁內，放入冰箱冷藏至少 48 小時。最多可保存 3 個月。

最後，用中火加熱鑄鐵或底部較厚重的煎鍋，等鍋子變得非常燙時，加入花椰菜，每面乾煎 2 ～ 3 分鐘，直到花椰菜的邊緣變焦為止。

將花椰菜擺放在餐盤上，淋上一些海苔美乃滋，然後將醋醃蛋磨碎撒在最上面，就能上桌了。

難易度：
易如反掌

小菜

意想不到的美味甘藍沙拉

# 意想不到的美味甘藍沙拉
## WHOEVER THOUGHT CABBAGE COULD TASTE SO GOOD SALAD

4 人份

**194**

難易度：
易如反掌

¼ 顆紫甘藍
¼ 顆大白菜
1 顆甜菜根，去皮
鹽（可省略）
2 大匙海苔絲（可省略）
2 大匙烤過的白芝麻

**沙拉醬**
2 大匙白味噌
1 小匙味噌湯粉
3 大匙中東芝麻醬
1 小匙紅酒醋
1 小匙米醋
1 顆分量的檸檬汁
8 片油漬鰻魚，切成小塊
1 大匙生抽
3 大匙芥花油或一般橄欖油（非初榨）

小
菜

這道與眾不同的甘藍碎沙拉，會讓你將學校午餐裡煮過頭的軟爛甘藍所帶來的不好回憶，通通拋到九霄雲外。爽脆的甘藍絲裹上堅果風味的芝麻沙拉醬，再搭配鰻魚的鹹味和甜菜根的鮮豔色彩，令人食慾大開。

將紫甘藍和大白菜去除菜心並切成碎塊。用削片器將甜菜根削成薄片，愈薄愈好，然後再切成如火柴般的細條，完成後和紫甘藍、大白菜一起放著備用。

開始製作沙拉醬。在一個碗內，將白味噌、味噌湯粉、中東芝麻醬、兩種醋和檸檬汁混合在一起，接著加入切好的鰻魚片，拌入醬油和芥花油，充分攪拌，直到醬汁呈現如美乃滋般的濃稠質地。完成後靜置備用。

接著開始製作沙拉。將紫甘藍、大白菜和甜菜根放入大碗內，和沙拉醬一起混合均勻。若有需要可加一點鹽調味。將碎沙拉堆放在餐碗內，放上海苔絲（若有使用的話），然後再撒上芝麻，即可上桌。

# 馬薩拉番薯角
## 佐羅望子番茄醬與印度薄荷醬
### MASALA SWEET POTATO WEDGES
### WITH TAMARIND KETCHUP AND MINT CHUTNEY

4 人份

難易度：
還算輕鬆

小菜

曲目十三

3 大顆番薯，切成粗厚的角形，帶皮

2 大匙芥花油

1 小把切碎的香菜，用來點綴

**馬薩拉調味粉**

85 克馬薩拉咖哩粉

2 小匙細鹽

25 克洋蔥粉

25 克黑種草籽

25 克紅糖

1 滿大匙（堆成小山形狀）葛拉姆馬薩拉香料

1 滿大匙（堆成小山形狀）味精（可省略）

1 滿大匙（堆成小山形狀）查特馬薩拉香料

1 滿大匙（堆成小山形狀）大蒜粉

**羅望子番茄醬**

1 小匙芥花油

1 小匙孜然籽

1 大撮印度阿魏粉（Asafoetida powder）

200 克羅望子果肉

100 毫升水

10 顆乾燥的椰棗，去核

1 大匙查特馬薩拉香料

100 克印度黑糖（Jaggery）或黑砂糖（Muscovado sugar）

1 小匙克什米爾紅辣椒粉

2 小匙孜然粉

1 小匙葛拉姆馬薩拉香料

**印度薄荷醬**

200 克原味濃稠優格

1 大匙市售薄荷醬

1 撮鹽

**小祕訣**

你可以上網或在食材專門店裡買到查特馬薩拉香料。

這道馬薩拉甘薯角的靈感是來自伯明罕的印度酒吧，而且就和某一知名洋芋片品牌的廣告詞一樣：「一吃就停不下來！」[33] 一旦你做過這道料理後，我相信以後你還會重複做許多次。

將烤箱預熱至攝氏 180 度。

開始製作馬薩拉調味粉。用香料研磨罐將所有材料打成粉狀。

將甘薯角鋪在大烤盤上，並在其表面抹油。均勻撒上 2 大匙馬薩拉調味粉，放進烤箱烤 30 ～ 40 分鐘，直到甘薯角的其中一面變軟且焦糖化為止。過程中只需翻面一次。

接著開始製作番茄醬。用平底深鍋以中火熱油，加入孜然籽和印度阿魏粉，炒 2 ～ 3 分鐘，直到孜然籽開始發出爆裂聲為止。

加入羅望子果肉、水、椰棗、查特馬薩拉香料、印度黑糖、辣椒粉和孜然粉，煮到沸騰，過程中要經常攪拌，才不會燒焦。

接著把火轉小，繼續慢煮 20 分鐘，直到質地濃到會附著在湯匙背面即可，因為等放涼後，醬汁會變得更濃。在最後一刻，拌入葛拉姆馬薩拉香料，接著將鍋子移離爐架，靜置放涼後，將醬汁倒入已殺菌的基爾納密封罐內。

開始製作印度薄荷醬。將所有材料放入碗內混合均勻後，放在一旁備用。

最後，將甘薯角從烤盤上取出，再次撒上大量的馬薩拉調味粉。接著依序淋上羅望子番茄醬和印度薄荷醬，再撒上 1 撮馬薩拉調味粉和切碎的香菜，即可上桌。

DESSERTS

甜
點

# HIP HIP HOORAY

生日快樂

# 油炸冰淇淋生日蛋糕
## WHOEVER THOUGHT CABBAGE
## COULD TASTE SO GOOD SALAD

4 大球或 8 小球

難易度：
值得努力

甜
點

250 毫升雙倍鮮奶油

1 根香草莢，縱切成兩半，刮出香草籽

500 毫升煉乳

100 克包裝的香草海綿蛋糕預拌粉

3 大匙覆盆子果醬

3 大匙蛋糕裝飾彩糖，另外準備一些用來搭配

藍色食用色素（可省略）

中性油，用來油炸

### 酸櫻桃醬

500 克冷凍的莫雷洛黑櫻桃（Morello cherry）

100 克細砂糖

1 克檸檬酸

### 冰淇淋麵衣

3 顆蛋

175 毫升牛奶

120 克中筋麵粉

30 克玉米澱粉

30 克糖

2 克鹽

150 克壓碎的早餐玉米片，用來裹在外層

油炸冰淇淋是被人淡忘的美好事物之一。我超愛這道甜點，而且目前為止我最喜歡的是生日蛋糕口味！畢竟，誰會不喜歡生日蛋糕呢？在此，我用雙倍鮮奶油和煉乳，創作出一種做法超級簡單、無須攪拌的冰淇淋，口感非常濃郁厚實。

這道冰淇淋包含生日蛋糕的所有美妙元素：覆盆子果醬、香草蛋糕麵糊和裝飾彩糖。另外，冰淇淋表面會裹上一層酥脆的早餐玉米片，再淋上酸櫻桃醬和撒上更多彩糖，因為彩糖永遠不嫌多。火熱酥脆的外皮和冰涼香甜的內餡所形成的極端對比，讓你每次吃到都會有「想要飛到外太空」的感覺。

開始製作冰淇淋。將鮮奶油和香草籽放入大碗或桌上型攪拌機內，攪打至鬆發（將攪拌器拿起時，鮮奶油會呈現鬆軟的尖峰狀）。加入煉乳攪拌，然後倒入香草海綿蛋糕預拌粉混合均勻。

在另一個平底深鍋內，加入覆盆子果醬和一點點水，用小火加熱稀釋果醬，然後倒入冰淇淋混料，用湯匙背面做出漩渦狀紋路。

加入彩糖和藍色食用色素（若有使用的話），用雞尾酒飾針（或牙籤）再次做出漩渦，以產生藍色線條。將冰淇淋混料倒入耐凍容器內，放入冰箱冷凍約 5～6 小時，直到冰淇淋凝固為止。

接著開始製作酸櫻桃醬。將櫻桃和糖一起放入平底鍋內，用中小火煮 2～3 分鐘，使櫻桃醬收汁、濃到會附著在湯匙背面即可。將櫻桃醬移至食物調理機內，打成滑順的質地，接著拌入檸檬酸，再用極細孔的篩網過濾。

開始製作冰淇淋的麵衣。除了早餐玉米片，將其他所有的材料放入碗內，攪拌融合成平滑的麵糊。將壓碎的玉米片裝在另一個碗內。

舀出數球冰淇淋，或將冰淇淋切成 3 公分的切片。將每球或每片冰淇淋先浸到麵糊內，然後取出裹上一層玉米片，再放回冰箱冷凍至少 1 小時。

在油炸鍋或較大較深的平底深鍋內倒入足夠的油，加熱至攝氏 180 度，或是丟一塊麵包屑進去，在 30 秒內嘶嘶作響即可。以一次炸一個的方式，將冰淇淋球或切片放入油鍋內炸 30 秒，使外皮變得金黃酥脆。

盛盤時，先用酸櫻桃醬墊底，再將炸冰淇淋放在上面，然後淋上更多的醬，最後撒上彩糖。

# 卡爾與布萊德的香蕉味噌奶油派
## CARL AND BRAD'S BANANA MISO CREAM PIE

6～8人份

**甜
點**

2～3 根非常熟的香蕉，切成薄片

**香蕉鮮奶油**

2 根非常熟的香蕉，先冷凍再解凍，
使香蕉皮變黑變軟

180 毫升單倍鮮奶油

60 毫升全脂牛奶

100 克細砂糖

25 克玉米澱粉

3 顆蛋黃

½ 小匙馬爾頓海鹽

40 克室溫軟化奶油，切塊

80 克白味噌

2 片吉利丁片，泡水 15 分鐘軟化

½ 小匙黃色食用色素

80 毫升雙倍鮮奶油

160 克糖粉

**巧克力派皮**

70 克中筋麵粉

¼ 小匙玉米澱粉

40 克高品質的無糖深黑可可粉

½ 小匙鹽

75 克融化的奶油，另外準備 15～
20 克備用

75 克細砂糖

**香蕉果凍**

油，用來替烤盤上油

125 毫升香蕉香甜酒（Crème de banane
liqueur）

1 小匙洋菜粉（寒天粉）

1 片食用金箔，另外準備一些用來
裝飾

布萊德・卡特和太太莫莉（Molly）在伯明罕經營的米其林星級餐廳 "Carters of Moseley"，應該是我在這個世界上最愛的一間餐廳。他們是你在餐飲業所能遇見最親切可愛、腳踏實地的人，我非常喜歡他們的為人處事。餐廳位於靠近伯明罕市中心的莫斯利（Moseley），坐落在一排不起眼的商店之間。走進他們的餐廳，就像是走進他們的家一樣舒適溫馨。布萊德是自學起家的廚師，我第一次看到他在電視節目《星期六廚房》上做菜時，感到大為驚豔。我知道自己得吃吃看他做的料理，也一定要認識他這個人。布萊德邀我把奇肯薩爾的團隊帶到伯明罕，接管他的餐廳一天，於是我便好好把握這個機會。而這道香蕉味噌奶油派就是我們當時所推出的甜點，改良自美國經典的香蕉奶油派。對我來說，這道甜點展現出布萊德那種伯明罕人勇於表現的幽默感。

開始製作香蕉鮮奶油。將香蕉、單倍鮮奶油和牛奶放入攪拌機中，打成平滑的泥狀。接著加入細砂糖、玉米澱粉、蛋黃和鹽，攪打使質地滑順。將香蕉泥移到平底深鍋內，以中小火加熱約 2 分鐘，過程中要經常攪拌。注意不要讓蛋黃凝固或黏在鍋底。香蕉泥在此一階段會變成濃厚的膏狀。將香蕉泥移到乾淨的攪拌機內，加入軟化奶油和味噌。

將吉利丁片從水中取出，擠掉多餘的水分後，和食用色素一起放入攪拌機內，開始攪打。將打好的香蕉泥裝進容器內，放入冰箱徹底冷卻。

將雙倍鮮奶油和糖粉倒入另一個碗內，攪打到拿起攪拌器時，鮮奶油會呈現非常鬆軟的尖峰狀。從冰箱取出香蕉泥，拌入鬆發的鮮奶油中，直到徹底融合為止。放入冰箱冷藏。

烤箱預熱至攝氏 150 度。開始製作派皮。將中筋麵粉、玉米澱粉、可可粉、鹽和 65 克細砂糖（剩下 10 克先不用）倒入碗內或電動攪拌機內，混合均勻。加入 60 克融化奶油攪拌至結塊，形成像粗麵包屑的狀態。將這些粗麵包屑鋪在烤盤上，放入烤箱烤 20 分鐘，過程中要將黏合的粗麵包屑分開來。完成後從烤箱取出，倒入食物調理機內，瞬速攪打到沒有任何結塊殘留。

將打好的材料移至碗內，加入剩下的糖和奶油，揉成球狀。如果麵團不夠濕，就多加 15～20 克奶油繼續搓揉。將麵團壓入直徑 20 公分的派模後放入冰箱冷藏。

開始製作果凍。在非常淺的烤盤內塗上一層薄薄的油。將香蕉香甜酒和洋菜粉倒入小的平底深鍋內，煮滾 2 分鐘，接著加入金箔，不斷攪拌使金箔能分散開來，也使果凍液能保持滑順的質地。將果凍液倒入預備好的烤盤內，靜置於室溫中 10 分鐘。待果凍凝固後，將果凍翻過來倒在砧板上，切成 1 公分大小的方塊。

把派組裝起來。將一半的香蕉鮮奶油舀到派皮內，鋪上一層香蕉片，然後用剩下的香蕉鮮奶油覆蓋住。再鋪上一層香蕉片，放上香蕉果凍後即可上桌。

調酒

# 香蕉苦艾酒可樂達
## BANANA AND ABSINTHE COLADA

1 人份

難易度：
易如反掌

調酒

20 毫升苦艾酒

15 毫升黑蘭姆酒

1 小匙香蕉香甜酒

30 毫升冰鳳梨汁

20 毫升椰子糖漿

15 毫升檸檬汁

碎冰

1 枝薄荷，用來裝飾

**這道有趣的飲品靈感是來自紐約布魯克林的 Maison Premiere—— 全世界最棒的雞尾酒吧之一。光是欣賞調酒師展現絢麗的技巧，我就能在那裡坐上好幾個小時。他們最有名的一種調酒是苦艾酒可樂達（Absinthe colada），每次喝，我都覺得它和香蕉會很對味。於是，我創作出這道經典調酒的變化版。這款香蕉口味的苦艾酒可樂達很適合在晴朗的日子裡，和朋友在花園派對上一同享用。**

將苦艾酒、蘭姆酒、香蕉香甜酒、鳳梨汁、椰子糖漿和檸檬汁倒入高大的玻璃杯中，混合均勻。

接著填入碎冰，用吧叉匙攪拌。最後放上更多碎冰和 1 枝薄荷做為裝飾。

# 奇肯酒吧 MK1
## CHICK'N'CLUB MK1

1 人份

1 顆覆盆子

25 毫升琴酒

10 毫升不甜的馬丁尼（Dry Martini）

20 毫升辣椒覆盆子醋

（沃默斯利農場〔Womersley Farm〕出產的醋名稱是「黃金覆盆子與阿帕奇辣椒醋」〔Golden Raspberry and Apache Chilli Vinegar〕）

15 毫升檸檬汁

15 毫升糖漿

30 毫升蘋果汁

15 毫升蛋白

冰塊

冷凍乾燥覆盆子，用來裝飾

**這是我們的好友山姆為奇肯薩爾創作的第一支雞尾酒。我們希望奇肯薩爾供應的酸雞尾酒不僅有趣好玩、色彩繽紛又能輕鬆飲用，調酒的材料也經過精心挑選。**

**在此，我選用沃默斯利農場的天然發酵醋來製作這支調酒。他們所出產的天然飲用醋，品質非常好，很適合用來調配酸雞尾酒。這款雞尾酒容易入口，不會太烈，所以你可以和朋友一起喝上幾杯。建議你可以搭配書中任何你喜歡的炸雞料理來享用。**

將覆盆子放入雪克杯中搗碎，接著直接注入其他材料，注意蛋白要最後加。所有材料都倒入後，加入 3 塊冰塊搖勻。

將調酒倒入裝有新鮮冰塊的杯中，注意上方要有約 8 公釐厚的綿密泡沫。將冷凍乾燥覆盆子壓碎，放在泡沫中央做為裝飾。

# 藍色夏威夷魚缸特調
## BLUE HAWAIIAN FISH BOWL

1 人份

45 毫升白蘭姆酒

25 毫升藍柑橘酒（Blue curaçao）

15 毫升 Koko Kanu 或 Coco Lopez 椰子蘭姆酒，或其他品牌的高品質椰子蘭姆酒

30 毫升新鮮鳳梨汁

冰塊

義大利 Prosecco 氣泡酒，用來加在最上層

**裝飾**

1 塊鳳梨角

1 ～ 2 顆糖漬櫻桃（Maraschino cherry）

2 支雞尾酒傘

1 支室內煙火棒

魚缸特調和朋友一起分享（或不分享也可以）會很好玩。我們在奇肯薩爾也有提供這款調酒，因為它真的是全場的目光焦點，只要一端出來，就會讓人不禁微笑。魚缸特調讓我想起過去的年輕歲月── 那些無止盡的酒吧巡禮和喝到失憶的日子。

這款調酒以蘭姆酒和椰香做為主調，充滿了度假的氛圍，會讓你聯想到遙遠的海灘。食譜上的雞尾酒裝飾僅供參考，你可以多加一點巧思，弄得愈浮誇愈好。那麼就戴上你的墨鏡，好好享受魚缸特調吧！

除了 Prosecco 氣泡酒，將其他所有材料加入雪克杯中，和冰塊一起快速搖盪。在魚缸玻璃杯中放滿冰塊，將調酒倒入，然後注滿 Prosecco 氣泡酒。

用1塊鳳梨角、1～2顆糖漬櫻桃、幾支雞尾酒傘和1支室內煙火棒裝飾，以營造假日氣氛。

# 味精馬丁尼
## MSG MARTINI

1 人份

30 毫升高品質的琴酒

15 毫升不甜的香艾酒（Dry vermouth）

1 撮味精

冰塊

**裝飾**

橄欖串

沒錯，就是味精。味精的確能讓一切都變得更美味。在此，我以經典的琴酒調酒酒譜做為基礎，創作這款味精馬丁尼。在添加味精後，酒體會更具深度，喝起來也會變得有趣許多。

你可能沒那麼喜歡味精，但不要輕信媒體炒作，認為味精對健康有害，因為它其實是一種天然的調味料。不過針對這個話題，我就先說到這裡為止。這是一支比較成熟的調酒，酒精感也比較重，因此可能比較適合當餐前酒。但如果你想要喝個痛快，那就別客氣吧！

將琴酒、香艾酒、味精和冰塊一起攪拌。每樣材料都必須要非常冰涼，這樣做出來的調酒才會好喝。將做好的調酒過濾倒入馬丁尼杯中，用1～2顆橄欖裝飾。

難易度：
易如反掌

調酒

香蕉苦艾酒可樂達

味精馬丁尼

藍色夏威夷魚缸特調

奇肯酒吧 MK1

# 全雞料理推薦歌單

## 我在圖恩米爾斯夜店的日子：一個時代的落幕

French Kiss – The Original Underground Mix
**LilLouis, The World**
This is Acid **Maurice Joshua, Hot Hands Hula**
Higher State of Consciousess
**Josh Wink, Higher State of Consciousness**
The Age of Love **Age of love, Jam & Spoon**
Da Punk **Daft Punk**
Windowlicker **Aphex Twin**
Papua New Guinea **The Future Sound of London**
Phat Planet **Leftfield**
Spastik **Plastikman, Richie Hawtin**
Acperience 1 **Hardfloor**
Positive Education **Slam**
Flash (Eats Everything Remix) **Green Velvet**
Chime – Edit **Orbital**
Rez – Remastered **Underworld**
Blue Jeans – Josh Wink Mix **Ladytron**
Space Invaders Are Smoking Grass **I-F**
I Feel Love – 12" Version **Donna Summer**
Energy Flash **Joey Beltram**
Acid Phase **Emmanuel Top**
Your Love – (Remastered) **The Prodigy**
Strings of Life **Derrick May**
Hey Boy Hey Girl **The Chemical Brothers**
Chemical Beats **The Chemical Brothers**
Hayling (feat. Hafdis Huld) **FC Kahuna, Hafdis Huld**
Pacific State **808 State**
Sweet Harmony (original mix) **Liquid**
Sweet Sensation **Shades of Rhythm**
Your Love – 12" Version **Frankie Knuckles**

## 派對嗨歌

The Bomb! (These Sounds Fall Into My Mind) **Kenny Dope**
Rhythm is a Mystery **Non-Stop Edit K-Klass**
Move Your Body **Xpansions**
Open up **Leftfield**
Is There Anybody Out There? – Radio Edit **Bassheads**
Sweet Harmony (Original Mix) **Liquid**
Born Slippy **Underworld**
Hey Boy Hey Girl **The Chemical Brothers**
Firestarter **The Prodigy**
Satisfaction (Isak Original Extended) – Benny Benassi
Presents The Biz **Benny Benassi, The Biz**
Professional Widow – Armands Star Trunk Funk Mix
**Tori Amos, Armand Van Helden**
Good Life **Inner City**
Yeke Yeke – Short Mix **Mory Kante**
Big Fun **Inner City**
I Need Your Lovin **Marc and Claude**
Ill House You **Jungle Brothers**
Infinity **Guru Josh**
Going Back to My Roots **Richie Havens**
Love Cant Turn Around (Original Mix)
**Farley "Jackmaster" Funk, Darryl Pandy**
Love Cant Turn Around – Houseapella **Darryl Pandy**
Ill Be Your Friend – Glamourous Mix **Robert Owens**
Can You Feel It – New York Dub **Chez Damier**
Was That All it Was – Def Mix Edit 2 **Kym Mazelle**
Unfinished Sympathy – Paul Oakenfold Mix
**Massive Attack, Paul Oakenfold, Steve Osborne**
Jack Your Body – 1986 Club Mix **Steve "Silk" Hurley**

Can You Feel It (Chuck D, Mix) **Mr. Fingers, Chuck D**
Love Cant Turn Around – Long Mix **Darryl Pandy**
Good Life **Inner City**

## 週日氛圍

Lets Stay Together **Al Green**
Something – Remastered 2009 **The Beatles**
Maggie May **Rod Stewart**
My Sweet Lord – 2014 Mix **George Harrison**
Your Song **Elton John**
Here Comes the Sun – Remastered 2009 **The Beatles**
Aint No Sunshine **Bill Withers**
Dreams – 2004 Remaster **Fleetwood Mac**
Smokebelch 2 (Beatles Mix) **The Sabres of Paradise**
Fire and Rain – 2019 Remaster **James Taylor**
Jolene **Dolly Parton**
Rocket Man (I Think Its Going to be a Long, Long Time)
**Elton John**
Tiny Dancer **Elton John**
Harvest Moon **Neil Young**
We Don't Have to Take Our Clothes Off – Remastered 2015
**Ella Eyre**
Josephine **Chris Rea**
Green Green Grass of Home **Tom Jones**
Don't You Want Me **Bahamas, The Weather Station**
Rather Be **Jasmine Thompson**
Fast Car (feat. Tall Heights) **Ryan Montbleau**
Perfect Places – Live from BBC Radio 2 **First Aid Kit**
I Believe in a Thing Called Love **Branches**
How Can You Mend a Broken Heart **Al Green**
Just the Way You Are **Barry White**
Kiss and Say Goodbye **The Manhattans**
50 Ways to Leave Your Lover **Paul Simon**
Young Americans – 2016 Remaster **David Bowie**
Dreadlock Holiday **10cc**
Walk on the Wild Side **Lou Reed**
Dreams – 2004 Remaster **Fleetwood Mac**
Think for a Minute **The Housemartins**
Gabriel – Live Garage Mix **Roy Davis Jr., Peven Everett**
Road To Zion **Damian Marley, Nas**
One **U2**
Valerie – Live at BBC Radio 1 Live Lounge, London / 2007
**Amy Winehouse**
Youre So Vain **Carly Simons**
Wuthering Heights **Kate Bush**
I Wish You Were Here **Alpha Blondy**
In The Ghetto **Dolly Parton**
Son Of A Preacher Man **Dusty Springfield**
Make Me Smile (Come Up and See Me) – 2014 Remaster
**Steve Harley, Steve Harley & Cockney Rebel**
Unfinished Sympathy – 2012 Mix/Master **Massive Attack**
Shout to the Top – USA Remix **The Style Council, Jay Mark**
Angie **The Rolling Stones**
Movin on Up **Primal Scream**
The Masterplan **Oasis**
The Earth Dies Screaming – 12" Version / 2010 Digital
Remaster
**UB40**
I Think Its Going to Rain Today – 12" Version/Remastered 2010
**UB40**
Reach Your Peak – 12" Version **Sister Sledge**
Give Me the Night **George Benson**
Teardrops **Neil Frances**
Pale Blue Eyes **The Velvet Underground**

Somewhere Only We Know – Live from Spotify, London **Lily Allen**
Half the World Away **AURORA**
Strange – Edit **Celeste**
Heres Where the Story Ends **The Sundays**
Pachamama **Beautiful Chorus**
The First Time I Ever Saw Your Face **Roberta Flack**
Wild Horses **The Rolling Stones**
At Last **Etta James**
(You Make Me Feel Like) A Natural Woman) **Aretha Franklin**
Its All Over Now Baby Blue **Marianne Faithfull**

## 酸浩室舞曲

Coco Cabana – The Plagiat Remix **Lizzara & Tatsch, Plagiat**
Nine to Nine – Nicone Remix **Spoony Talker, Nicone Remix**
Uprising **Namtrak**
Shadowndancer **Purple Disco Machine**
Daylight **Kellerkind**
Horizontal **Tobias W.**
Slippery When Wet **Andreas Bergmann**
A Jealous Heart Never Rests **The Black Madonna**
We Can Never Be Apart **The Black Madonna**
Electronic Germany **DJ Hell**
Phuture Bound – Ame Mix **Akabu, Ame**
La La Land – Original Mix **Green Velvet**
Theme From Q **Objekt**
Gabriel – Live Garage Mix **Roy Davis Jr., Peven Everett**
Papua New Guinea **The Future Sound of London**
Chime – Edit **Orbital**
Rez – Remastered **Underworld**
Cirrus **Bonobo**
Push Pull **OFFAIAH**
Light Up The Sky – Special Request Remix/ Edit
**The Prodigy, Special Request**
Get Up **Dole & Kom**
Nuit **Alek Sander**
Paris Is For Lovers (My Love) **Terranova, Tomas Hoffding**
Deer In the Headlights – DJ Hell Remix **Chelonis R. Jones**
Losing It **FISHER**
Temptation – Remastered **Heaven 17**
Discogirls – Discofunk Version **Timewarp Inc**
Move Your Body – Club **Marshall Jefferson**
Playing With Knives [Quadrant Mix] **Bizarre Inc**
Belfast **Orbital**
Sweet Sensation **Shades of Rhythm**
On A Ragga Tip 97 (original Mix) **SL2**
Searchin For My Rizla **Ratpack**
Limewire – Original Mix **Bramo & Hamo**
Don't Go (Original Mix) **Awesome 3**
Sound of Eden **Shades of Rhythm**
Windowlicker **Aphex Twin**
Blue Jeans – Josh Wink Mix **Ladytron**
Space invaders Are Smoking Grass **I-F**
I Feel Love – 12" Version **Donna Summer**
Sweet Harmony (Original Mix) **Liquid**
Strings Of Life **Derrick May**
Higher State of Consciousness **Tweekin Acid Funk**
The Bomb! (These Sounds Fall Into My Mind)
**The Bucketheads, Kenny Dope**
Night Falls **Booka Shade**
Remedy **Agoria, NOEMIE**
Parallaxis – Traumprinzs Over 2 The End Version
**Efdemin, Traumprinz**
Positive Education **Slam**
In White Rooms **Booka Shade**
In My Head **Superpitcher, Fantastic Twins**
Cold Song 2013 – DJ QQ China Rework **DJ Hell, Klaus Nomi**
Circus Bells – Hardfloor Remix **Robert Armani**
Bird **Kelly Lee Owens**
Ageispolis **Aphex Twin**

## BLM 運動 [34]

Feel Like Jumping **Marcia Griffiths**
Concrete Jungle **Bob Marley & The Wailers**
Wonderful World, Beautiful People – Single version **Jimmy Cliff**
Isrealites **Desmond Dekker**
Up Town Top Ranking **Althea and Donna**
007 (Shanty Town) **Desmond Dekker & The Aces**
Sensee Party **Eek-A-Mouse**
Police in Helicopter **John Holt**
Talkin' Blues **Bob Marley**
Return of Django **The Upsetters**
Woman of the Ghetto
**Phyllis Dillon, The Tommy McCook Band**
Bam Bam **Sister Nancy**
Gangsters **The Specials**
True and Big Love **Two Tone Club**
Welcome to Jamrock **Damian Marley**
Cocaine in My Brain **Dillinger**
Monkey Man **The Maytals**
Funky Kingston **Toots & The Maytals**
War/No More Trouble – Medley/ Live at the Pavilion De Paris, 1977 **Bob Marley & The Wailers**
Wa-Do-Dem **Eek-A-Mouse**
The Harder They Come **Jimmy Cliff**
54-46 That's My Number **The Maytals**
Skylarking **Horace Andy**
Money Money **Horace Andy**
Ali Baba **John Holt**
I'm Still in Love With You **Marcia Aitken**
Never Be Ungrateful – 12" Mix **Gregory Isaacs**
Dread Are the Controller **Linval Thompson**
Gypsy Man **Marcia Griffiths**
The Upsetter **Lee "Scratch" Perry**
Set Them Free **Lee "Scratch" Perry**
Want Fi Goh Rave **Linton Kwesi Johnson**
Ghost Town – Extended Version **The Specials**
The Guns of Navarone **The Skatalites, Laurel Aitken**
Soul Shakedown Party **Jamaica Reggae Band**
Here I Come **Barrington Levy**
Mount Zion Medley **Capleton, Jah Cure, Morgan Heritage, LMS, Ras Shiloh, Bushman**
Sinsemilla **Black Uluru**
Under Mi Sensi ('84 Original Spliff) **Barrington Levy**
This Music Got Soul **The Trojans (Gaz Mayall)**
Train to Skaville **The Ethiopians**
Pressure Drop **The Maytals**
You Can Get It If You Really Want **Jimmy Cliff**
Sun is Shining **Bob Marley & The Wailers**

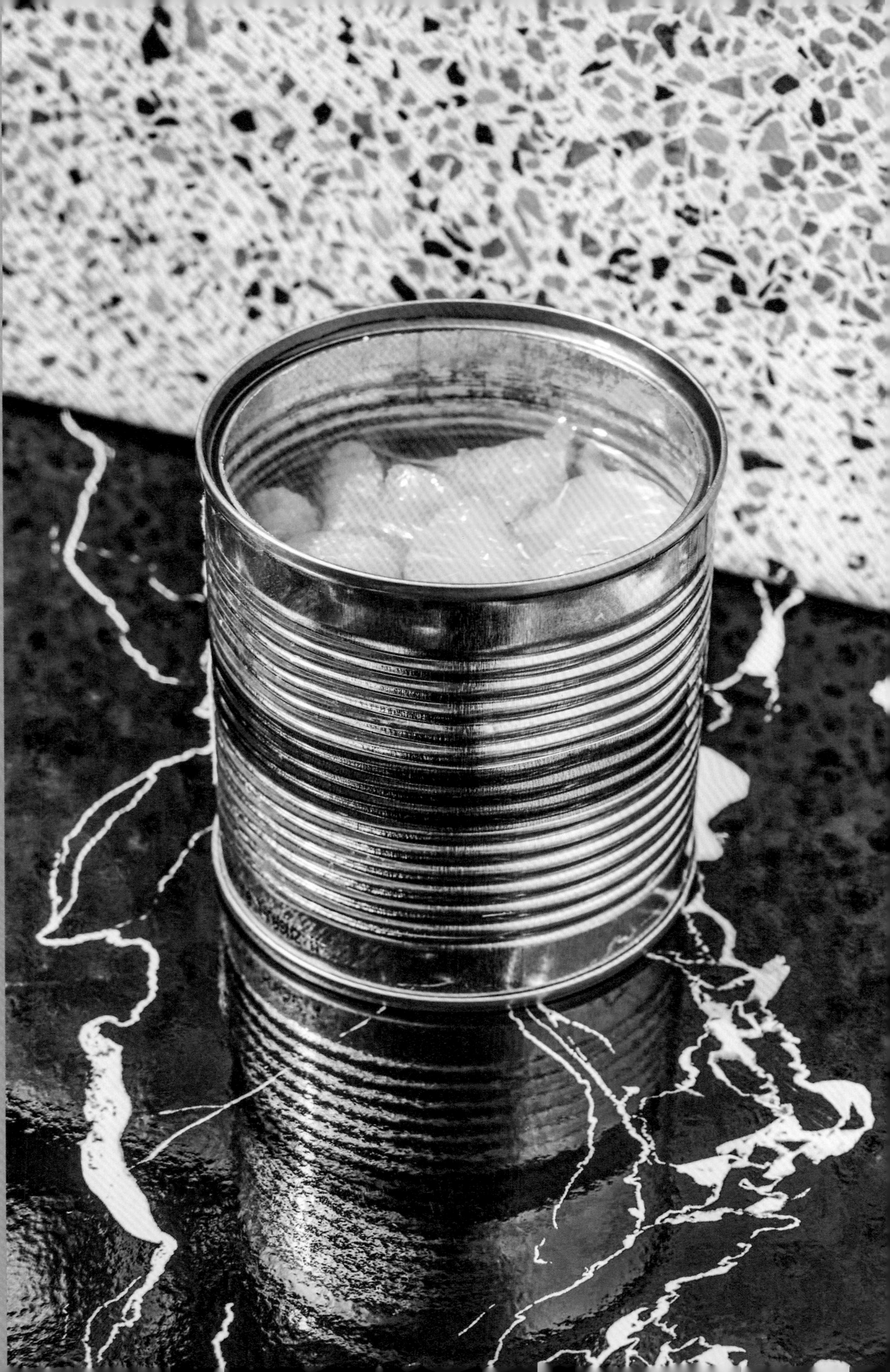

**胭脂樹紅醬**
**Achiote paste**
一種墨西哥調味料,以胭脂樹種子、孜然、胡椒、香菜、奧勒岡、丁香和大蒜製成。在某些食材專門店買得到。

**芒果粉**
**Amchoor powder**
**(dry mango powder)**
即印度芒果粉,以未成熟芒果的果乾研磨製成。在某些大型超市、網路商店和超市買得到。

**安丘辣椒**
**Ancho chillies**
經乾燥處理的墨西哥波布拉諾辣椒(Poblano chillies)。在網路商店和食材專門店買得到。

**印度阿魏粉**
**Asafoetida powder**
繖形科植物根部的樹脂經乾燥研磨後製成的粉末,能增添怡人風味 [36]。在網路商店、食材專賣店買得到。

**紅蔥頭**
**Asian red shallots (Thai red onions, hom-daeng)**
可用來代替紅洋蔥。在許多地方都買得到。

**峇拉煎蝦醬**
**Belacan shrimp paste**
經乾燥壓縮成塊狀的蝦醬。在網路商店買得到。

**豆豉醬**
**Black bean paste**
以大豆製成的中式醬料。在許多地方都買得到。

**烏醋**
**Black vinegar**
帶有木質煙燻風味的中式陳年醋。在許多地方都買得到。

**桂皮**
**Cassia bark stick**
中國產的肉桂,比斯里蘭卡(錫蘭)的肉桂硬,風味也較強烈。在某些大型超市、網路商店買得到。

**查特馬薩拉香料**
**Chaat (chat) masala**
一種印度綜合香料,製作材料包括芒果粉、孜然、香菜、乾薑、鹽(通常為印度黑鹽〔Kala namak〕)、黑胡椒、印度阿魏粉和辣椒粉。在食材專門店、網路商店買得到。

**大白菜**
**Chinese (Napa) cabbage**
**(Chinese leaves)**
一種原產於中國的蔬菜。在許多地方都買得到。

**中式香腸(臘腸)**
**Chinese sausage (lap cheong)**
一種乾硬的煙燻香腸,以豬肉和豬油製成,並用玫瑰水、米酒和醬油加以調味。在許多地方都買得到。

**中式芝麻醬**
**Chinese sesame paste**
以烤過的白芝麻製成的濃厚醬料。在許多地方都買得到。

**奇波雷煙燻辣椒**
**Chipotle chillies**
經煙燻乾燥的墨西哥哈拉皮紐辣椒(Jalapeño chillies)。在某些大型超市、網路商店和食材專門店買得到。

**油蔥酥**
**Crispy shallots**
經油炸的紅蔥頭切片,用來做為點綴配料。在許多地方都買得到。

**冬粉(粉絲)**
**Dried mung bean vermicelli noodles (cellophane noodles, glass noodles, fensi)**
中式冬粉(粉絲)通常是由綠豆澱粉製成,烹煮後仍維持透明。在許多地方都買得到。

**蝦米**
**Dried shrimp**
經日曬乾燥的小蝦,用來增加風味,通常會先壓碎再使用。在許多地方都買得到。

**豆豉**
**Fermented black beans (douchi, tochi)**
中式發酵鹽漬黑豆。在許多地方都買得到。

**魚露**
**Fish sauce**
將魚或磷蝦以鹽覆蓋發酵製成的調味液。在許多地方都買得到。

**新鮮薑黃**
**Fresh turmeric**
薑黃屬植物的地下莖,外觀像根。在許多地方都買得到。

**紅豆腐乳**
**Fermented red bean curd**
將豆干放入加有紅麴和調味料的米酒中醃製而成。在許多地方都買得到。

**南薑**
**Galangal (Thai ginger, Siamese ginger)**
外觀類似薑,但風味不同,比較辛辣。在網路商店和超市買得到新鮮、乾燥、粉狀或膏狀的南薑。

**印度酥油**
**Ghee**
即無水(或稱澄清)奶油。在網路商店和食材專門店買得到。

**韓式辣椒粉**
**Gochugaru**
粉狀、片狀或壓碎的韓國乾燥辣椒。在許多地方都買得到。

**韓式辣醬**
**Gochujang**
甜甜辣辣的紅辣椒醬,以辣椒粉、糯米、發酵大豆粉、大麥芽粉和鹽製成。在許多地方都買得到。

**瓜希柳辣椒**
**Guajillo chillies**
經乾燥處理的墨西哥米拉索爾辣椒(Mirasol chillies)。在網路商店和食材專門店買得到。

**海鮮醬**
**Hoisin sauce**
以大豆、茴香、紅辣椒和大蒜製成。醋、五香粉和糖也是經常添加的製作材料。在許多地方都買得到。

**福建麵**
**Hokkien noodles**
以小麥和蛋製成的油麵,在馬來西亞料理中十分常見,但最初源自中國。在許多地方都買得到。

**速食拉麵（泡麵）**
**Instant ramen noodles**
以中式小麥麵條製成的泡麵，湯麵類型在日本很受歡迎。在許多地方都買得到。

**印度黑糖**
**Jaggery**
未經精煉的蔗糖或棕櫚糖，大多產自印度次大陸。在某些大型超市、網路商店和超市買得到。

**印尼甜醬油**
**Kecap manis**
**(Indonesian sweet soy sauce)**
即加糖的醬油。若要自製，可用醬油加上棕櫚糖或紅糖，以小火慢煮成糖漿狀的黏稠質地。在某些大型超市、網路商店和超市買得到。

**日本丘比美乃滋**
**Kewpie mayonnaise**
日本美乃滋品牌，製作材料包括蛋黃、蘋果和麥芽醋。在某些大型超市、網路商店和超市買得到。

**韓國泡菜**
**Kimchi**
辣味的韓式鹽漬發酵蔬菜。在許多地方買得到。

**昆布**
**Kombu (edible kelp, dasima, haidai)**
經乾燥處理的海藻，在日本被廣泛用於做為調味食材。在大型超市、網路商店和超市買得到。

**脫乳清酸奶**
**Labneh (Greek-style yoghurt, strained yoghurt)**
瀝除乳清後質地厚重的優格。在許多地方都買得到。

**無酵薄餅粉**
**Matzo meal**
無酵猶太麵包（Kosher bread）經研磨製成的粉末，大多用來製作湯餃。在網路商店、食材專門店買得到。

**味醂**
**Mirin**
日式米酒，類似清酒，但酒精濃度較低、糖分較高。在許多地方都買得到。

**味噌**
**Miso paste**
以大豆、一種穀物（例如大麥或米）、鹽和米麴混合釀製而成。許多日式料理都以味噌調味。在許多地方都買得到。

**白蘿蔔**
**Mooli (daikon, white radish, winter radish, oriental radish, long white radish)**

外觀修長粗厚的亞洲白蘿蔔，產於冬季。在許多地方都買得到。

**味精**
**MSG (monosodium glutamate, ajinomoto, Chinese salt)**
用於提升料理的鮮味。在許多地方都買得到。

**日式麵包粉**
**Panko breadcrumbs**
日式風格的麵包粉，以去掉外皮的麵包製成，比其他種類的麵包粉輕盈酥脆。在許多地方都買得到。

**海苔**
**Nori**
日式料理中常見的可食用海藻，經乾燥製成片狀後販售，主要用來包壽司和御飯糰。在許多地方都買得到。

**克索弗雷斯可起司**
**Queso fresco**
一種墨西哥軟質起司，類似印度的帕尼爾起司（Paneer）或味道清爽的菲達起司。在大型超市、網路商店和食材專門店買得到。

**克什米爾紅辣椒粉**
**Red Kashmiri chilli powder**
以克什米爾辣椒製成的鮮紅色辣椒粉。在網路商店買得到。

**紹興酒**
**Shaoxing wine**
中國浙江省紹興市所產的米酒。在許多地方都買得到。

**七味粉**
**Shichimi togarashi**
以香料製成的日本綜合調味料 —— 辣椒、山椒、烘烤過的橙皮、黑芝麻或白芝麻、大麻籽、薑、海苔或青海苔，以及罌粟籽。在許多地方都買得到。

**紫蘇葉**
**Shiso (parilla) leaves**
一種日本香草，隸屬於脣形科，帶有微微的肉桂和丁香氣味。在網路商店和超市買得到。栽培容易。

**蝦醬**
**Shrimp paste (prawn sauce)**
壓得細碎的小蝦或磷蝦和鹽混合後發酵製成。在某些大型超市、網路商店和超市買得到。

**是拉差辣椒醬**
**Sriracha sauce**
一種泰式辣椒醬，製作材料包括辣椒、醋、大蒜、糖和鹽。在許多地方都買的到。

**煙燻粉**
**Smoke powder**
具煙燻味的調味料，通常為煙燻胡桃木的味道。在網路商店買得到。

**韓式包飯醬**
**Ssamjang**
一種濃稠辛辣的韓式調味醬，以大醬（經發酵的豆泥醬）、韓式辣醬、芝麻油、洋蔥、大蒜和青蔥製成，有時也會用到紅糖。在許多地方都買得到。

**太白粉**
**Tapioca starch**
從木薯萃取而來的澱粉。在許多地方都買得到。

**泰國羅勒**
**Thai basil**
一種原產於東南亞的羅勒，帶有甘草或八角的風味。在網路商店和超市買得到。

**豆瓣醬**
**Toban Djan (Sichuan chilli bean sauce, doubanjiang, douban, broad-bean chilli sauce)**
以蠶豆、大豆、鹽、米和香料發酵製成的中式豆泥醬。在許多地方都買得到。

**墨西哥綠番茄**
**Tomatillos (Mexican husk tomatoes)**
一種產於墨西哥的茄科水果，通常以罐裝的方式販售。在網路商店買得到。

**烏龍麵**
**Udon noodles**
以小麥麵粉製成的日式粗麵條。在許多地方都買得到。

**越南薄荷**
**Vietnamese mint (Vietnamese coriander, hot mint, laksa leaf, praew leaf, larb)**
一種產於東南亞的香草。在網路商店和專業的苗圃則買得到種子或植株。

**海帶芽**
**Wakame seaweed**
日式料理中常見的可食用海藻，通常用於湯和沙拉。在許多地方都買得到。

詞彙表

# 索引

216

索引

索
引

# 註釋

**1** 為浩室音樂的子類別，又稱為「迷幻浩室」，是由美國芝加哥的 DJ 於 1980 年代發展而來，並在 1980 年代後期，迅速席捲英國及整個歐洲的地下派對。這類電子舞曲的特色是「重複節奏」和「重低音」。

**2** 銳舞是從酸浩室音樂中發展出來的一種派對現象與次文化，盛行於 1980 年代晚期～ 1990 年代初期。這類徹夜狂歡的派對以「自由」、「解放」為核心精神，通常會在倉庫、戶外或地下室舉行，並伴隨電子舞曲和非法藥物的使用。

**3** 知名英國重金屬搖滾歌手，為黑色安息日樂團（Black Sabbath）前主唱。

**4** 靈感來自於英國女王的登基週年慶典，以及英國國歌《天佑女王》（God Save the Queen）。

**5** 模仿名廚湯瑪斯・凱勒（Thomas Keller）的米其林三星餐廳「法式洗衣坊」（The French Laundry）。

**6** 1570 ～ 1606 年，為一名英格蘭天主教教徒，在 1605 年時，因不滿英王詹姆斯一世迫害與限制宗教自由，而與同夥密謀在 11 月 5 日用火藥炸掉國會大廈，結果計畫失敗被判處死刑。之後每到這一天，英國都會施放煙火慶祝，以紀念這起「火藥陰謀」（Gunpowder Plot）。也因為如此，篝火節又稱為「蓋伊・福克斯之夜」。如今蓋伊・福克斯已演變成為反抗不公體制的象徵人物，同時也是英國漫畫與改編電影《V 怪客》（V for Vendetta）的靈感來源。

**7** 1999 年上映的美國恐怖電影，內容描述三名學生帶著手持攝影機，進入叢林拍攝有關女巫傳說的紀錄片。

**8** 經二次煮沸後去除糖晶體的液體。

**9** 乳脂含量為 18％的鮮奶油。

**10** 以去掉外皮的麵包製成，顆粒比西式麵包粉粗。

**11** 一種長型紅蔥，是洋蔥與歐洲紅蔥頭的混種。

**12** Gherkin，使用尺寸較小、口感較脆的小黃瓜醃製而成。

**13** 一種顆粒較粗的淺棕色蔗糖，味道濃郁，經常用於咖啡和烘焙食品中。

**14** 一種常用於中東料理的新鮮軟質起司，風味濃郁。

**15** 經濃縮製成的乳製品，水份比鮮奶少 60％，類似於未加糖的煉乳。

**16** 以豬腹肉製成的美式培根。

**17** 原文為 "tangy cheese" 口味的多力多滋，因台灣未銷售此口味，因此以起司口味替代。

**18** 一種美式肉醬漢堡。

**19** BBC 烹飪節目主持人。

**20** Tomatillo 的正式名稱為「黏果酸漿」。果實表面具有黏液，外型近似番茄，但味道更接近燈籠果，酸味獨特，是墨西哥料理常用的食材。

**21** 此兩種食材在台灣較難取得，可透過國外網站購買。

**22** Queso fresco 是西班牙語，意思是「新鮮的起司」。

**23** 製作奶油時剩下的奶類液體，濃稠度介於鮮奶與鮮奶油之間，味道類似優格。

**24** 此處的「上校」指的是奇肯薩爾餐廳的招牌料理：上校炸雞堡。

**25** 又可稱嫩莖青花菜。

**26** 華裔廚師黃玉堂發明的料理，是以糖醋為基底的「滿州雞」。不過此處作者為此料理命名為「客家辣味雞」。

**27** 罌粟籽在歐美國家是很普遍的香料，多用於烘焙和調味。但因內含少量鴉片生物鹼，因此在台灣被列為二級毒品。

**28** 質地細緻，延展性佳，適合用來製作披薩。

**29** 品牌名稱。

**30** 又稱「中國肉桂」，味道辛辣微苦；一般常見的肉桂棒是「錫蘭肉桂」，味道較清新。

**31** 也因此胗又稱為「砂囊」。

**32** 指本身幾乎不具風味的烹飪用油。

**33** 這裡是指洋芋片品牌品客（Pringles）的廣告台詞，原文為「once you pop you can't stop」，中文為「品客一口口，片刻不離手」。

**34** 黑人人權運動 Black Lives Matter（黑人的命也是命）的縮寫。

**35** 多數食材能在台灣的超市、市場、中藥行、食品材料行購買，讀者可再依料理需要，進一步查詢。

**36** 阿魏粉在未烹煮前，會有難聞的氣味，但烹煮後，則會散發獨特的香氣。

# 致謝

當我接到邀請要寫這本書時，我焦慮了很長一段時間，不斷想著：「我他媽的要怎麼寫出一本書？」也不斷被內心的負面聲音抨擊：「怎麼會有人想看我寫的書？」於是我去了泰國一個月，打算全心全意投入寫作，結果卻臨時決定參加為期十天的內觀靜修課程（就像你知道的那樣），在那之後又吃了許多美食，也一直惦記著寫書這件事。

回顧當時，那對我來說其實是最好的創作方式。我花了許多時間思考。事實上，在我出國的期間，我的摯友潔瑪·珍（Gemma Jane）將她的創作時間軸寄給了我參考，內容大致如下：

**計畫啟動……構思……什麼也不做……恐慌……開始工作……計畫期限……完成計畫。**

我非常喜歡她的時間軸，也已經坦然接受這就是我的寫作模式。儘管開頭不盡理想，但我最後總是能抵達終點，也希望這些成果對親愛的讀者而言，就和對我一樣深具意義。

我由衷感激能有機會寫這本書；這是幾位富有創意及才華的人合力完成的結晶。在此我要特別向一些人表達謝意，因為他們不僅付出極大努力，使這本書得以完成，有時還得忍受我的愚蠢想法，告訴我一切都會沒事：

感謝我的爸媽派迪（Paddy）與安·克拉克（Anne Clarke）給我生命。

感謝荷莉·阿諾德（Holly Arnold）讓這本書得以出版，也謝謝她展現體貼、包容我的瘋狂想法、相信我做得到，並對我百般照顧。

感謝伊芙·馬洛（Eve Marleau）不辭辛勞地付出，以及給予我創作上的自由，使這一切得以發生。也謝謝她與我閉門長談，並在我鑽牛角尖時拉我一把。

感謝艾維·歐（Evi O）展現驚人的設計長才，也謝謝她竟然有辦法潛入我的腦袋，讓我的幻想得以成真。

感謝凱特·波拉德（Kate Pollard）的遠見卓識，讓我有機會寫這本書。也謝謝她跟我分享荷蘭運動員溫·霍夫（Wim Hof）的冰人呼吸法，在寫作的過程中，這些增強意志力的祕訣有時候非常管用。

感謝團隊中的創意天才讓我看起來很帥，我會想念我們在工作室裡一同歡笑的時光：羅伯·比林頓（Rob Billington）、妮可·赫夫特（Nicole Herft）、亞歷山大·布里茲（Alexander Breeze）、班·博克斯霍爾（Ben Boxhall）以及史都·「巧手」·卡柏（Stu 'the hands' Capper）。

感謝我美麗的好姊妹蜜雪兒·萊希（Michelle Leahy）對我抱持信心。愛無區別。X（親親）

感謝我的事業夥伴兼好兄弟大衛·沃蘭斯基（David Wolanski），以及他的家人艾瑪（Emma）、山姆（Sam）和伊娃（Eva）。謝謝他們總是與我同甘共苦，並為我開啟了這條不可思議的人生道路。對此我永遠心懷感激。我愛你們。XX

感謝我的前妻維多利亞（Victoria）多年來對我的包容，對我說我什麼都做得到，相信我並帶給我生活的動力。X

感謝喬諾（Jono）、史都（Stu）、班（Ben）、湯姆（Tom）和 Otherway 品牌設計工作室的其他所有人每天帶給我靈感，並提供我辦公桌和機會，讓我能踏上下一個冒險旅程，和你們一起打造速食品牌「未來麵」（Future Noodles）。

感謝我美麗迷人的超級好友潔瑪·珍帶給我的愛、包容、歡笑和喜悅。你是我的愛與光。X

感謝多年前當我在喬治亞州的薩凡納遊蕩時，和我一起半夜坐在路邊喝啤酒，並對我說「一切都會好起來」的那位前越戰老兵。上帝愛你，兄弟。X

在我的人生道路上，還有許許多多曾經幫助我和相信我的人。對此我萬分感激，也希望如果你正在讀這段話，會知道你就是其中一人。謝謝你們。

最後，我要感謝神祕的至高力量保佑我，並指引我踏上美好的旅程，越過人生的重重冒險。謝謝良善又充滿愛的宇宙。X

願大家都擁有愛、光明和幸福。

愉快地生活吧！

# CARL XXX

# 世界知名 DJ 卡爾・克拉克
## 稱自己是
## 「半路出家的廚師」

卡爾來自伯明罕的漢茲沃斯（Handsworth），在 15 歲時帶著僅有的一點錢，從家鄉逃到了澤西島。在賭場把錢都輸光後，某間飯店的澳洲籍大廚給了卡爾一份工作，每天要替 8000 顆馬鈴薯削皮。卡爾將食物視為生活所需，直到人生的較晚時期，才發展出對烹飪的熱情。在不同旅館以及軍隊從事過烹飪工作後，卡爾拋開了一切，轉而成為一位世界知名 DJ。

在他的職涯中，卡爾不僅遊遍了世界各地，也曾在頂級餐廳享受美食，並從中意識到自己對食物很有興趣。到了 1990 年代，卡爾開始替馬可・皮耶・懷特、U2 和西蒙・羅根工作，之後便展開了他的快閃餐廳事業。

在開創了「搖滾龍蝦」、「天佑蛤蜊」和「迪斯可小酒館」等快閃店後，卡爾和他的事業夥伴大衛・沃蘭斯基創立了第一間正式餐廳：奇肯薩爾。餐廳在 2015 開始營業後，他們的「祕製辣醬」（Secret Hot Suce）在當地造成了轟動！他們在伊斯靈頓（Islington）也有分店。

卡爾描述自己是一個「喜歡狂歡的老頭，想把過去酒吧裡的東西都帶到餐廳環境裡。來到奇肯薩爾這種地方光顧的族群，會期待他們的周圍有好聽的音樂和好看的視覺設計。他們想要感受氣氛。食物也很重要，但那只是其中一塊拼圖」。

卡爾和大衛以改良炸雞做為目標，在 2018 年 7 月開創了新的「快速休閒」（Fast-casual）炸雞店，並替他們的店取了一個合適的名稱：奇肯速食（現已改為 Chicken Shop）。

奇肯速食的宗旨就是「讓快樂的人在播放著嗨歌的超棒環境裡，端出超厲害的炸雞」。

CARL CLARKE

@CHICKNSOURS

# THE WHOLE CHICKEN

# 全雞料理

從在地到跨國的 95 道好味道

韓式辣雞翅⇓英式炸雞堡⇓泰式雞皮河粉，

| | |
|---|---|
| 作者 | 卡爾‧克拉克（Carl Clarke） |
| 翻譯 | 張雅億 |
| 特約編輯 | Victoria Liao |
| 美術設計 | 郭家振 |
| | |
| 發行人 | 何飛鵬 |
| 事業群總經理 | 李淑霞 |
| 社長 | 饒素芬 |
| 主編 | 葉承享 |
| 出版 | 城邦文化事業股份有限公司 麥浩斯出版 |
| E-mail | cs@myhomelife.com.tw |
| 地址 | 104 台北市中山區民生東路二段 141 號 6 樓 |
| 電話 | 02-2500-7578 |
| 發行 | 英屬蓋曼群島商家庭傳媒股份有限公司城邦分公司 |
| 地址 | 104 台北市中山區民生東路二段 141 號 6 樓 |
| 讀者服務專線 | 0800-020-299（09:30～12:00；13:30～17:00） |
| 讀者服務傳真 | 02-2517-0999 |
| 讀者服務信箱 | csc@cite.com.tw |
| 劃撥帳號 | 1983-3516 |
| 劃撥戶名 | 英屬蓋曼群島商家庭傳媒股份有限公司城邦分公司 |
| | |
| 香港發行 | 城邦（香港）出版集團有限公司 |
| 地址 | 香港九龍九龍城土瓜灣道 86 號順聯工業大廈 6 樓 A 室 |
| 電話 | 852-2508-6231 |
| 傳真 | 852-2578-9337 |
| | |
| 馬新發行 | 城邦（馬新）出版集團 Cite（M）Sdn. Bhd. |
| 地址 | 41, Jalan Radin Anum, Bandar Baru Sri Petaling, 57000 Kuala Lumpur, Malaysia. |
| 電話 | 603-90578822 |
| 傳真 | 603-90576622 |
| 總經銷 | 聯合發行股份有限公司 |
| 電話 | 02-29178022 |
| 傳真 | 02-29156275 |
| | |
| 製版印刷 | 凱林印刷傳媒股份有限公司 |
| 定價 | 新台幣 680 元／港幣 227 元 |

2023 年 12 月 1 版 1 刷 • Printed In Taiwan
ISBN　　978-626-7401-07-1( 平裝 )
版權所有‧翻印必究（缺頁或破損請寄回更換）

THE WHOLE CHICKEN by Carl Clarke
Copyright text © Carl Clarke
Copyright illustrations © Evi. O
First published in the United Kingdom by Hardie Grant Books, an imprint of Hardie Grant UK Ltd. in 2020
This Complex Chinese characters edition is published in 2023 by My House Publication, a division of Cité Publishing Ltd.
Through The PaiSha Agency.
All rights reserved.

國 家 圖 書 館 出 版 品 預 行 編 目 （ C I P ） 資 料

全雞料理：韓式辣雞腿、英式炸機堡、泰式雞皮河粉，從在地到跨國的 95 道好味道 / 卡爾 . 克拉克 (Carl Clarke) 作；張雅億翻譯 . -- 初版 . -- 臺北市：城邦文化事業股份有限公司麥浩斯出版：英屬蓋曼群島商家庭傳媒股份有限公司城邦分公司發行，2023.12
　　面；　公分
譯自：The whole chicken : 100 easy but innovative ways to cook from beak to tail.
ISBN 978-626-7401-07-1( 平裝 )

1.CST: 肉類食譜 2.CST: 雞

427.221　　　　　　　　　　　　　　　　112020690

TOODLE LOOOOOOO

再見囉————